Osprey Military New Vanguard
オスプレイ・ミリタリー・シリーズ

世界の戦車イラストレイテッド
10

KV-1 & KV-2重戦車 1939-1945

[著]
スティーヴン・ザロガ×ジム・キニア
[カラー・イラスト]
ピーター・サースン
[訳者]
高田裕久

KV1 & 2 Heavy Tanks 1939-45

Text by
Steven Zaloga and Jim Kinnear
Colour Plates by
Peter Sarson

大日本絵画

目次　contents

- **3** 計画と開発　design and development
- **9** KV-1の内部構造と改良　inside the KV-1
- **20** 戦歴　operational history
- **39** 装甲の改良　improvements in armament
- **43** 派生型　variants
- **45** 戦術上の問題　tactical problems
- **25** カラー・イラスト
- **50** カラー・イラスト解説

◎著者紹介

スティーヴン（スティーヴ）・ザロガ　Steven Zaloga
1952年生まれ。装甲車両の歴史を中心に、現代のミリタリー・テクノロジーを主題とした20冊以上の著作を発表。旧ソ連、東ヨーロッパ関係のAFV研究家として知られ、また、米国の装甲車両についても著作がある。米国コネチカット州に在住。

ジム・キニア　Jim Kinnear
1959年グラスゴー生まれ、1982年アバディーン大学卒。ソ連およびロシアにおけるAFVの兵器システムと輸送用車両についての著作がある。1992年からロシアに在住。

ピーター・サースン　Peter Sarson
世界でもっとも経験を積んだミリタリー・アーティストのひとりであり、英国オスプレイ社の出版物に数多くのイラストを発表。細部まで描かれた内部構造図は「世界の戦車イラストレイテッド」シリーズの特徴となっている。

KV-1 & KV-2重戦車
KV1 & 2 Heavy Tanks

design and development
計画と開発

　第一次世界大戦後、欧州数力国の軍隊は、前線の突破作戦を支援する重戦車の考案に戯れていた。最初の戦車はフランスの「2C戦車」であったが、その後、イギリスの「インディペンデント」など数種類が追従した。いずれの戦車も、攻撃の死角がないようにと、複数の砲塔と銃塔を装備していたので「陸上戦艦」の名で呼ばれた。

　この時代の寵児に赤軍も関心を寄せてはいたが、ただちに開発することは不可能で、スターリンの重工業化推進の成果が出る1930年代初期まで待たねばならなかった。1932年から1939年までに、合計61両のT-35重戦車がハリコフ機関車工場で生産されたが、1930年代末期には、時代遅れとなったことが明らかであった。しかし、赤軍は多砲塔の陸上戦艦に、劇的な活躍をさせることに固執し続けた。彼らが企てた非現実的な計画のひとつに、重量95トンのT-39があった。この戦車はT-35を再設計して、3個の砲塔に152mmの榴弾砲、107mm砲と45mm砲を装備するとしていたが、このような重戦車を製造できる現実性や実戦場での有効性はきわめて低く、この計画は製図板の上より進むことはなかった。

訳注1：このころは、まだ装甲車両局（ABTU）である。

戦前の戦車設計理論
Pre-War Tank Design Theories

　スペイン内乱で戦ったソ連戦車兵の経験より、戦車の装甲は、37mmもしくはそれ以上の口径の対戦車砲に耐えねばならないことが明らかになり、重戦車の開発は強力な火力よりも頑丈な装甲が重視された。

　1937年に装甲車両総局（GABTU）（訳注1）の幹部会議で提案された新型戦車への要求は「対戦車砲を用無し」とする「充分な装甲」であった。具体的には、有効射程距離内からの37mmないし45mmの対戦車砲弾か、1200mからの75mm野

ソ連最初の多砲塔重戦車はT-35で、試作に留まらず量産もされ、写真のように1930年代のパレードにその姿を見せている。複数武装という発想は机上の空論に過ぎず、これらの多砲塔戦車は非実用的な代物であった。

砲弾に貫通されない装甲厚とされた。

新型重戦車はレニングラードのふたつの設計局による競合試作とされ、ボリシェビキ工場のバルイコフ設計局と、キーロフスキイ工場に新設されたジョゼフ・コーチン技師が率いる第2特別設計局（SKB-2）には、装甲の重要性が充分に周知させられた。

装甲車両総局から出された新型重戦車

1939年末、次世代重戦車の試作車が、戦場試験のためにフィンランドへと輸送された。これはバルイコフ設計局が手掛けたT-100「ソトカ」のフィンランドにおける作戦行動中の写真である。T-100は、その古めかしい多砲塔式という構造上、重量過大で、戦場で使用するには、出力不足であることが判明した。

の仕様では、T-35と同様に五砲塔式の武装配置を要求していた。技師たちはすぐに装甲車両総局に対して「飾りにすぎない」銃塔の削除を要求し、三砲塔式に改めさせることに成功し、主砲塔には76mm砲、2個の副砲塔には45mm対戦車砲を装備すると仕様変更させた。

バルイコフ設計局の戦車は「T-100」または「ソトカ」と呼ばれた。ソトカとは「100」のロシアの俗語である。一方、コーチン設計局の戦車の名称は「SMK」であった。当時のレニングラードでは、凶弾に倒れたレニングラード共産党書記、セルゲイ・M・キーロフにちなんで、あらゆるものに彼の名前を付けることが流行していたのである。両方の設計チームは、計画している戦車を概念図としてまとめる作業に着手した。

SMKは設計初期の段階では、T-35のような旧式のサスペンションを使っていたが、やがて、これは重過ぎると判断された。設計チームではこの代替案として、T-28中戦車の改造車で試験をした新型のトーションバー・サスペンションを採用することにした。

1938年5月4日に、両方の木製模型が、モスクワで中央軍事会議（訳注2）の特別会議にて紹介された。コーチンは、スターリンから三砲塔式の実用性についての質問された。スターリンは木製模型に近づき、副砲塔のひとつを外して、つぶやいた。「なぜ、戦車を百貨店

訳注2：原書では国家防衛委員会となっているが、この時期には存在していない。

訳注3：スターリンが三砲塔式に疑問を呈する質問をするのは、1938年12月9日の党中央委員会政治局の防衛委員会議の席上である。

キーロフスキイ工場のSMK重戦車の断面図

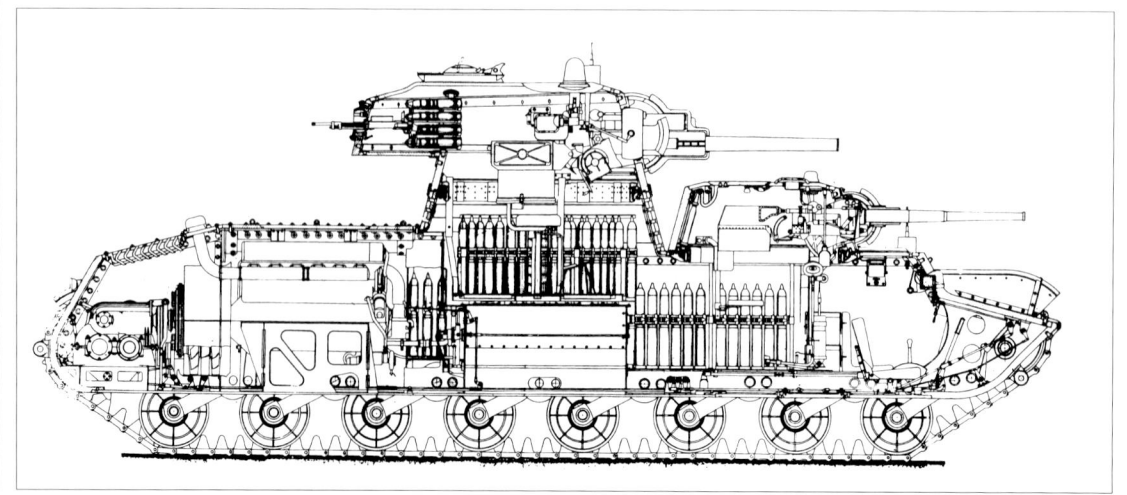

右●T-100 1939年型
T-100試作重戦車はその背の高い機関室で、競作相手であるSMK試作重戦車と識別できる。どちらも、武装は主砲塔に76mm戦車砲L-11、副砲塔は45mm戦車砲であったが、それぞれの砲塔は似てはいるが、まったく別物であった。(Author)

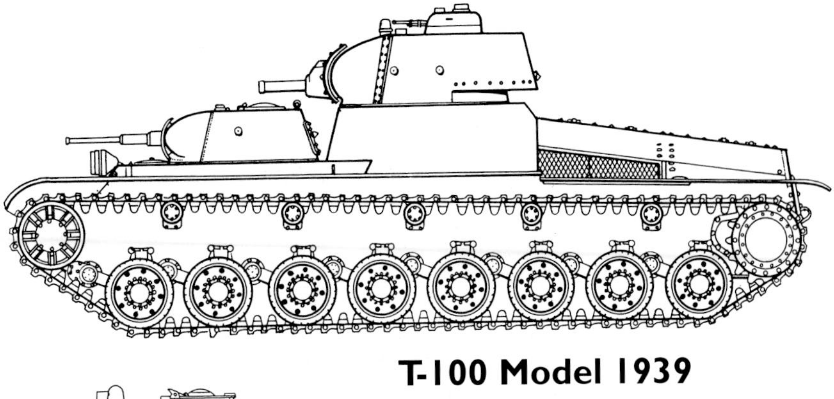

T-100 Model 1939

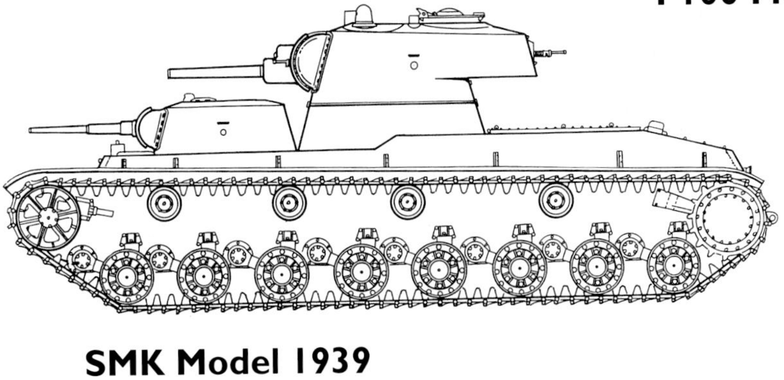

SMK Model 1939

左●SMK 1939年型
SMK試作重戦車はKV重戦車の直系の先祖で、サスペンション機構や履帯、その他の部品が共通化されていたが、KV重戦車と比較すると、転輪2組分も延長されている車体は、あまりにも長過ぎた。(Author)

にする」(訳注3)。この言葉は、新型戦車設計の根本的な見直しを示唆していたにもかかわらず、会議では、新しい戦車は60mm厚の装甲とする決定をしただけであった。

KVとT-100プロジェクト
The KV and T-100 Projects

　1938年5月の会議でのスターリンの言葉は、SMKとT-100への再設計の促しであった。コーチンの設計チームでは、45mmの副砲塔を両方とも廃止して、76mm砲のみの単一砲塔戦車の方が、より実用的が高いと確信するようになっていた。背負い式二砲塔戦車は構造上の問題点として、大きくて重い装甲車体へ主砲塔を載せるために、重量過大となることが避けられなかった。単一砲塔の戦車であれば、その分だけより厚い装甲を採用することができる。

　単一砲塔の戦車計画はスターリンの旧友であり、コーチン技師の義理の父でもある国防人民委員クリメント・ヴォロシーロフ元帥にちなみ「KV」と名付けられた。SKB-2でのKV戦車の開発は、N・L・ドゥホフ技師をリーダーとして進められ、SMKは、A・S・イェルモライエフ技師がリーダーとなった。

　1938年8月に、共産党中央委員会は戦車生産の将来を議論するために会議を召集し、背負い式二砲塔に改修されたSMKとT-100の模型がスターリンに見せられた。コーチンは彼が独自に企

1939年の次世代重戦車計画の最後の生き残りは、このSU-130「イグレーク(Igrek=ラテン文字でYの意味)」自走砲で、モスクワ郊外のクビンカ戦車博物館に現存している。この自走砲は2両あったT-100重戦車のうちの1両の、シャシーから改造された。SU-130は量産されなかったが、試作車は1941年のモスクワ防衛戦に使用された。

左●フィンランドとの戦争は、陣地攻撃用の重榴弾砲を搭載した戦車の必要性を赤軍に確信させた。このため、少数のKV戦車は、152mm榴弾砲を主砲とする特殊な大型砲塔の搭載車に改修され、のちにKV-2と呼ばれた。写真の第5戦車師団所属のKV-2初期生産型は、1941年6月のバルバロッサ作戦で、リトアニアのアリトゥス近郊の塹壕陣地に放棄された車両である。
(US National Archives)

右●KV-1 1939年型とも呼ばれるKV-1の最初の生産型は、76mm戦車砲L-11を主砲としていた。この砲はキーロフスキイ工場の第4特別設計局(SKB-4)で開発されたが、制式採用はされなかった。そのため、すぐにグラビン火砲設計局の開発した76mm戦車砲F-32に換装された。

　画したKVも展示した。当局の要求仕様には基づかないものの、スターリンはSMKとT-100と同様にKVの試作車製造を承認した。

　T-100の試作車は2両が造られ、どちらも重量は約58トンで乗員は7名であった。2個の砲塔があり、上部の主砲塔には短砲身76.2mm戦車砲L-11、下部の副砲塔には45mm戦車砲1938年型が装備された。L-11は、新しい76.2mm戦車砲で、T-28中戦車とT-35重戦車に採用された76.2mm戦車砲L-10の代替として、キーロフスキイ工場で火砲の開発を行っていた第4特別設計局(SKB-4)のマチャノフ技師のチームが開発した。この砲は、重戦車の試作車だけでなく、新しいT-34の試作車にも装備された。

　SMKの試作車は、武装配置などはT-100と同様の構成であった。T-100とSMKともに、ミークリンAM-34航空機用エンジンの850馬力版であるGAM-34-8Tガソリンエンジンを動力としていた。

　KVはSMKやT-100よりかなり小さく、T-34中戦車にも採用されたトラスチンのV-2ディーゼルエンジンを動力としていた。KVの試作車はSMKより8トンも軽いのに、より厚い装甲をもつという長所があった。3車種の試作車の性能審査はクビンカ兵器試験場で、ヴォロシーロフ元帥を長とする連邦特別採用委員会の立ち会いの下、1939年9月から始まった。

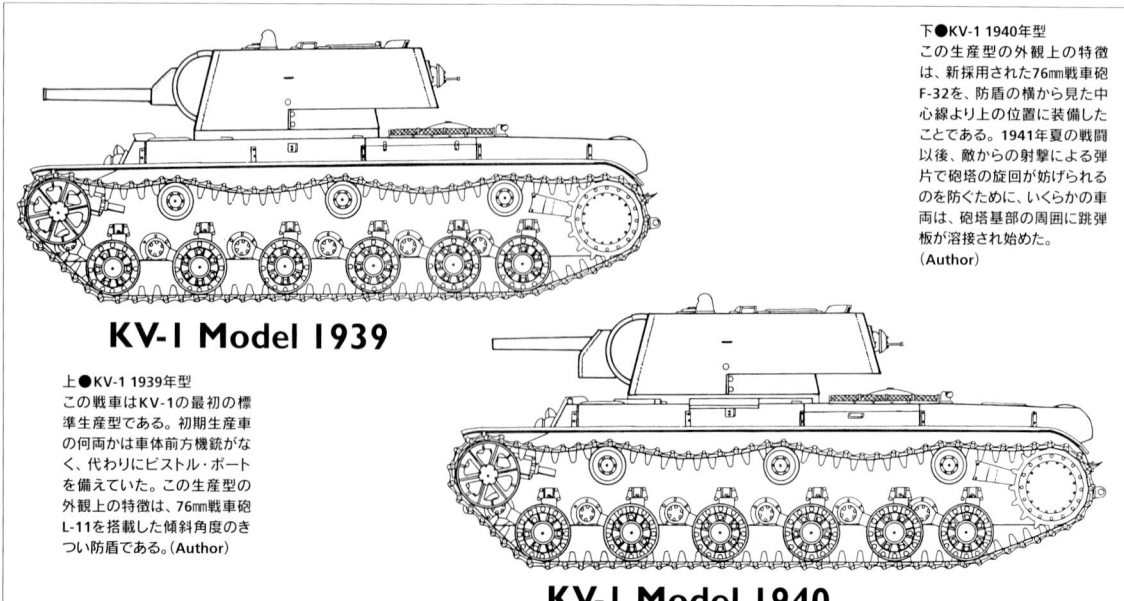

上●KV-1 1939年型
この戦車はKV-1の最初の標準生産型である。初期生産車の何両かは車体前方機銃がなく、代わりにピストル・ポートを備えていた。この生産型の外観上の特徴は、76mm戦車砲L-11を搭載した傾斜角度のきつい防盾である。(Author)

下●KV-1 1940年型
この生産型の外観上の特徴は、新採用された76mm戦車砲F-32を、防盾の横から見た中心線より上の位置に装備したことである。1941年夏の戦闘以後、敵からの射撃による弾片で砲塔の旋回が妨げられるのを防ぐために、いくらかの車両は、砲塔基部の周囲に跳弾板が溶接され始めた。
(Author)

KV-2の標準生産型は、側面装甲板が単純に曲がっているだけの新型砲塔を装備していた。写真の車両は、1941年にドイツ国防軍に捕獲され、性能調査のためにドイツ国内に送られ、1945年に、陥落寸前のクルップ社のエッセン工場防衛のために、前進してきたアメリカ軍部隊に対して使用された。

　審査の結果、55トンの制限重量を3トン超過していたT-100の動きが悪く、操縦も困難であることが判明した。T-100とSMKの両方とも、車長が両砲塔の主砲を連携させることが難しかったが、すでに、T-35の欠点として知られていたので、誰ひとりとして驚く者はいなかった。KVが3車種のなかで、最優秀であることは、すぐに判明した。

フィンランドでの挫折
Setbacks in Finland

　クビンカ兵器試験場での審査が続けられるころ、赤軍のフィンランド侵攻作戦が頓挫の様相を呈していた。兵力は劣るものの勇敢なフィンランド軍は、指揮がまずく、戦闘行動もちぐはぐな赤軍に深刻な流血の被害を与えており、戦車部隊の被害は特に酷かった。赤軍の戦車にはいくつかの問題があり(訳注4) スペインでの戦闘と同じく、37mm対戦車砲で撃破された(訳注5)。

　その結果、第20戦車旅団に特別重戦車中隊が編成された。指揮官は国防人民委員クリメント・ヴォロシーロフの息子であるP・ヴォロシーロフ少佐で、新型重戦車の試作車が配備された。この特別中隊には重戦車を組み立てた工具も乗員として加わり、スンマ村周辺の複雑なフィンランド軍の陣地に対する攻撃に投入され、そこで装備の悪いフィンランド軍に対して、ささやかな初勝利をおさめた。しかし、SMKは大型地雷を踏んでしまい、片方の履帯が切れて底側面部の装甲が歪んでしまった(訳注6)。残されたKVとT-100戦車は、回収作業が終わるまでSMKを守ろうとしたが、T-28中戦車による牽引回収作業は、SMKが重すぎるため、不可能であることが判明した。結局、SMKは戦闘終了後の春まで回収されなかった。しかもその時でさえ、バラバラに分解されて部品ごとに運ぶ羽目となった。

　フィンランド戦の経験は、以前から続いていた新型重戦車の審査に結論を導いた。国防委員会は1939年12月19日に、赤軍の新型重戦車としてKVを制式採用した。キーロフスキイ工場には、1940年に配備するための初期生産分として、砲塔を再設計した50両のKV戦車が発注された。

　フィンランド軍の防衛線に対する戦闘で、ソ連の第7軍総司令官であるK・メレツコフ将軍は、152mm砲か203mm砲級の榴弾砲を搭載した突破用戦車の即時製作を要請した。4車

訳注4：フィンランド軍の戦力を過小評価した赤軍は、スペイン内戦と変わらぬ戦車を、対フィンランド戦に投入した。

訳注5：フィンランド軍は、スウェーデンのボフォース社製の37mm対戦車砲を装備していた。

訳注6：SMKを破壊したのは地雷ではなく、フィンランド兵の集束爆薬による肉薄攻撃であるとする説もある。

戦前のKV-1の標準生産型であるKV-1 1940年型で、76mm戦車砲F-32を装備している。この写真に見られるように、予備のディーゼル燃料を携行するため、4個の取り外し可能な外装式燃料タンクを装備していた車両もあった。

種の計画が進められたが(訳注7)、防衛線攻撃までに完成したのは1車種だけであった(訳注8)。

T-100U(U:Ulushchenniy=改善する)は、2両のT-100のうちの1両に完全密閉式の戦闘室を設け、そこに高初速の130mm海軍砲B-13を搭載していたが、フィンランド戦の終了後の1940年春に完成した。のちにSU-130Y「イグレーク」として、1941年の冬にモスクワの防衛戦に投入された(訳注9)。

同様の試みとして「オビーエクト212」と呼ばれた、KVの車体に152mm榴弾砲Br-2もしくは203mm榴弾砲B-4を搭載する計画もあったが、ドイツとの戦争勃発によって、完成しなかった。

さらに「T-100Z」と呼ばれている、152mm砲を装備した新型砲塔を搭載したT-100も開発されていたとする複数の証拠がある。しかし、いくつかの問題があったようで、この計画は放棄された。

訳注7:実際には少なくとも6車種の開発が検討された。

訳注8:のちに解説するKV-2のことである。

訳注9:現在もモスクワ郊外のクビンカの戦車博物館に実車が残っている。

1941年7月、スローニムの西方33kmに位置するゼルヴァで破壊された、第6機械化軍団のKV-1 1940年型である。ベラルーシの第6機械化軍団は、1941年の時点では他のいかなる赤軍部隊よりも、KV戦車を保有していた。この戦車は沢山の被弾をしているが、貫通していたのはこの戦車に止めを刺したであろう後面への1発だけで、おそらく8.8cm対空砲からの一撃であろう。

inside the KV-1

KV-1の内部構造と改良

　KV-1 1941年型の乗員は5名で、砲塔内に装填手兼車長、砲手、補助操縦手兼整備士が乗り込み、車体に操縦手と無線通信手兼前方機銃手が位置するという構成になっていた。操縦手は、車体中央やや右寄りの席に座り、戦闘時以外では、前面のバイザー・ブロックを上に開けて直接目視で操縦を行った。戦闘中でバイザーを開けられないときは、バイザーに設けられた細いスリットを使ったが、内蔵されていた多層式耐弾ガラスブロックの品質が悪く、それを通して前方を確認するのは困難であった(訳注10)。

　KV-1は出力600hp (442kW)のV-2Kエンジンを動力としていた。エンジンの燃料は、戦闘室右側2個と左側1個の合計3個の大型燃料漕から供給された。

　その車重と、いかなるパワー・アシストも欠如している点からも、KVの操向はきわめて難しかった。変速機はスライディング・メッシュ式で、乾式多板クラッチを採用していたが、トランスミッションは疑う余地なくKVで最悪の問題箇所であり、故障原因の筆頭であった。

基本的配置
The Basic Arrangement

　無線通信手は操縦手の左側に座って、車体前方機銃7.62mmDTを操作した。通常、無線器は軽戦車および中戦車中隊の中隊長車と小隊長車だけしか搭載されなかった。大部分のKVは戦争が始まってから無線器が装備された。通常は旧式の71-TK-3セットが使用されたが、この無線器はプラグイン・コンデンサーを使用し、プリ・セット機能で操作もできたが、送受信の動作は不安定であった。

　戦車を放棄する時、自衛用に車体前方機銃を取り外すのは、無線通信手の責任であっ

訳注10：ガラスの材質自体は問題ないが、製法がまずく気泡が入っていたり、ガラス同士を張り合わせているバルサムが黄変し易いうえに、張り合わせ作業も下手な場合は気泡が混入し、視界を悪化させていたという。

KV重戦車は1941年のドイツ国防軍にとって、もっとも警戒すべき新型兵器であり、この写真はその理由を充分に物語っている。砲塔側面には約30発の被弾跡が見られるが、貫通は1発もない。致命傷となったのは、おそらく車体側面に打ち込まれた8.8㎝砲弾であろう。この第2戦車師団のKV-1 1940年型は、1941年6月にドイツ第6戦車師団との戦闘で撃破された。
(Helmut Ritgen)

たった1両のKV-2「ドレッドノート」が、ラシェイニャイ近郊の要所である十字路に居座り、ドイツ第6戦車師団を数日間に渡り寸断した事件は、おそらく、ドイツ軍とKV重戦車との戦闘としては、もっとも有名であろう。KV-2の厚い装甲はいかなるドイツ戦車の砲撃をも寄せ付けず、強力な8.8cm対空砲だけが、ダメージを与えられた。(US National Archives)

訳注11：主に7.62mmトカレフTT自動拳銃だが、なかにはナガン・リボルバーもあった。

た。車長の多くは自衛用の携行火器をもっていたので(訳注11)、他の乗組員は手榴弾、または他の機銃のなかの1挺を手にした。

すでに述べたとおり、車長は装填手を兼任していた。砲塔の内部レイアウトは、それまでの流れを継承して大きな変化はなく、1930年代の多くの戦車と同様に、砲塔のバスケットが装備されていなかった。

多くのドイツの戦車兵の話では、ソ連戦車の行動は、ぎこちなく、防御のための地形の有効利用などはまったく考えておらず、複数の目標も見えていない様子であったという。小隊規模の部隊は、ほとんど連携しておらず、一部の戦車は、僚車であろうが敵戦車であろうがおかまいなしに、よたよたと目の前に現れた。これらの問題行動の原因は訓練不足もさることながら、砲塔レイアウトのまずさも大きな理由である。

この問題の解決は、3名の砲塔乗員にとって容易ではなかった。砲塔後部に位置する補助操縦手兼整備士に、装填手の役割を負わせたとしても、車長には全周視察装置がなく、戦術上、実質的に盲目だった。車長用としてPTKペリスコープが備えられていたが、これは、視野内に光る目盛りがない以外は、砲手が照準用に使うPT-4-7ペリスコープ兼間接照準器と、ほぼ同一だった。それに以外には、ペリスコープが、側面と右側ピストル・ポート上部に備えられていた。

主砲弾の装填と同様に、車長は必要に応じて、主砲同軸の7.62mm機銃DTの弾倉交換も行わねばならなかった。彼の作業はお粗末な砲弾配置のおかげで、とてつもなく悲惨であった。76.2mm砲弾の携行数は98発であったが、砲塔後部の張り出し部左右に砲弾収納架を設けて各5発ずつ、合計10発の即用弾が用意されていた。しかし、いったんこれらを撃ち尽くして、さらなる砲弾を調達するためには、戦闘室の床面を掘り起こさねばならなかった。床面には、2発の砲弾が収納されたコンテナが44個も積み重ねられており、それをゴム製のマットがカバーしていた。戦闘中の床面は、蓋を開けられたコンテナにめくれたゴム製のマット、排出された薬莢で、すぐに大混乱となった。

さらに、補助操縦手兼整備士の位置が、混乱に一層の拍車をかけた。本来、彼は砲塔

1941年4月より、ドイツの戦車砲に関する誤った情報に基づき、赤軍はKV-1に増加装甲を施すという自滅的な計画を開始した。この増加装甲は砲塔側面への取り付けに大きなボルトを使用したので、独特の外観となった。写真のKV-1エクラナミは、唯一の現存車で、フィンランドのパロラ戦車博物館に展示されている。フィンランド軍はこの型のKV-1を、1941年に1両だけ捕獲し、部隊で再利用している。

訳注12：これは、熱い空薬莢が、空薬莢受けに貯まらず、車内に飛び出すことを意味する。

後部の張り出し部から延びている椅子に座った。しかし、その場所は主砲の後座位置でもあるため、主砲を使用するときは、砲尾に取り付けられた防危板と空薬莢受けを、たたみ上げねばならなかった(訳注12)。

彼の席は車長席の後部に移動したが、当然のことながら、KVの戦車兵たちの望みは彼を抜いた4名での運用であった。ただ実際には、1942年までは、乗員不足が原因で、KV戦車が5名の乗員で運用されることは珍しかった。無線通信手すらも省いた3名で運用されるKVも少なからず存在していた。

補助操縦手の主要な任務は、操縦手がクラッチ・ブレーキ操向装置の操作に疲れきったときに交代することと、戦車が止まるたびに繰り返される点検整備をすることであった。通常、補助操縦手は走行中には砲塔のハッチのリングに装備された対空機銃の操作を担当したが、彼にこの位置にいられると車長は充分な視界を得られないので、たびたび文句を言った。戦闘中の補助操縦手は歩兵の肉薄攻撃から戦車を守るために、砲塔後部機銃を担当した。ドイツ兵は対戦車用地雷を適切に用いてKV戦車を行動不能としたので、町中や森林地帯を移動するときは、隠れていた敵歩兵が戦車に接近しないよう、充分な警戒が必要だった。

砲手は、車長と反対側の砲塔の左前部に座った。彼は主砲の照準装置として、2種類の光学機器を使用した。視野内に光る目盛りがあるPT-4-7ペリスコープ兼間接照準器と、砲と連動する倍率2.5倍のTMFD直接照準器であった。主砲を射撃するときは、PT-4-7よりも正確な照準ができるため、通常はTMFD直接照準を使用した。一方、PT-4-7は、より広い

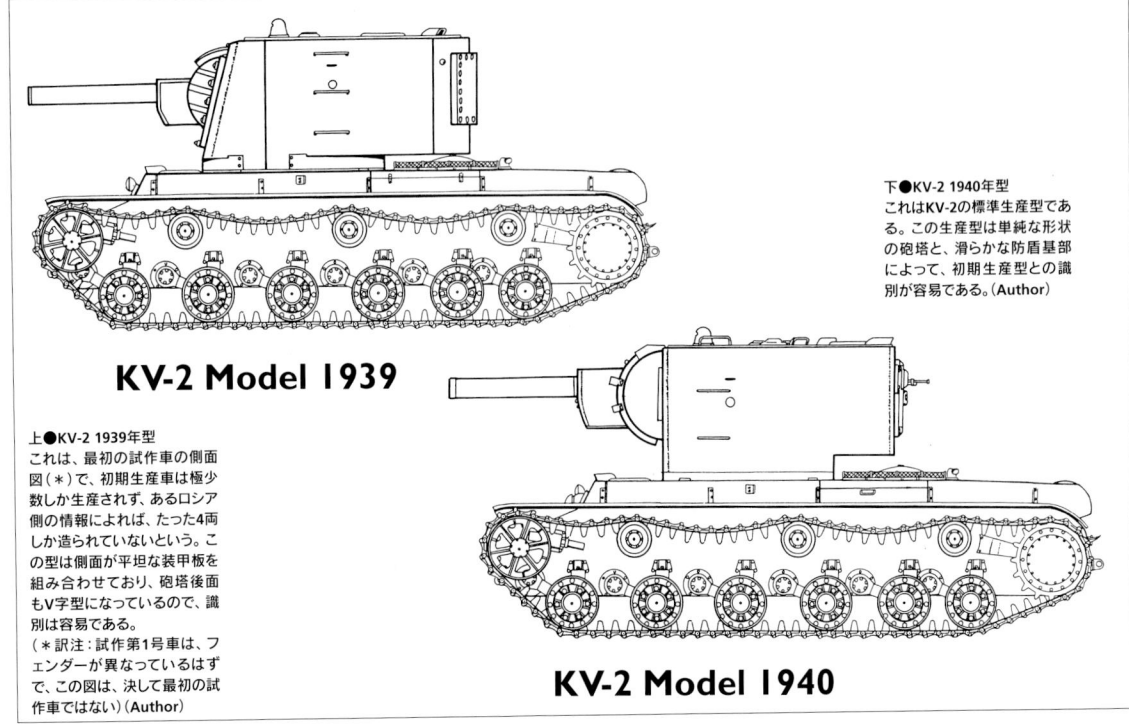

上●KV-2 1939年型
これは、最初の試作車の側面図(*)で、初期生産車は極少数しか生産されず、あるロシア側の情報によれば、たった4両しか造られていないという。この型は側面が平坦な装甲板を組み合わせており、砲塔後面もV字型になっているので、識別は容易である。
(*訳注：試作第1号車は、フェンダーが異なっているはずで、この図は、決して最初の試作車ではない) (Author)

下●KV-2 1940年型
これはKV-2の標準生産型である。この生産型は単純な形状の砲塔と、滑らかな防盾基部によって、初期生産型との識別が容易である。(Author)

視野をもっていたので、一般的な目標捕捉と観察のために使われた。

　また、砲手は、右腕でハンドルを回して主砲の俯仰操作を行い、左手でハンドルを回すか、電動装置によって、砲塔を旋回させることができた。電動旋回装置には3種類の速度が選択でき、一番早い速度では、70秒で360°旋回し、もっとも遅い速度は120秒であったが、これは微調整用に使われた。

エンジン
The Engine

　KV-1は出力600馬力のV-2ディーゼルエンジンを動力としており、このエンジンはT-34と同じであった。KVのエンジンとして使用されるときは「V-2K」の名称が与えられた。KV戦車の初期型の最高速度は35km/hであったが、装甲強化された1941年型では28km/h (17mph)と、やや遅くなった。KV戦車のトーションバー・サスペンションは、T-34に採用されたコイル・スプリングを利用したクリスティ式よりも、乗り心地が良かった。幅広の履帯はドイツ戦車の幅が狭い履帯よりも、柔らかい土地や雪上走行時の接地圧が低かった。

　英国と米国でのKV戦車の評価は、設計が単純で粗野であるとされた。重要な非可動部品であっても、仕上げはしばしば荒かったが、装甲板自体の品質は優秀であることが判明した。

武装
Armament

　KV-1の主砲「76.2mm戦車砲ZIS-5」は、T-34の主砲である「F-34」と実質的に同一で、KV戦車に搭載されると、この名称が使用された。事実、ZIS-5の部品の多くはF-34と刻印されていた。KV-1に装備された76.2mm戦車砲は3種類あり、最初のL-11は30.5口径、次のF-32が39口径、ZIS-5は、もっとも砲身が長く41.5口径であった。

　KVの携行弾数は、初期型では116発であったが、その後、111発となり、1941年型では98発と次第に減少していった。通常の搭載弾種は24発の徹甲弾(AP)と74発の榴霰弾(HE-F)であったが、もちろん実戦場では例外がいくらでもあった。開戦当初の標準的な徹甲弾は重量が6.3kgのBR-350Aで、初速は662m/sで、距離500mで69mmの装甲を貫通することが可能であり、正面装甲が50mmのⅣ号戦車F型に対しては充分な威力であった。1943年の春に、ドイツ軍はⅣ号戦車の装甲を80mmに強化したので、赤軍は高初速のBR-350P徹甲弾を導入した。この砲弾の初速は965m/sで、重量は3.02kg、距離500mで92mmの装甲を貫通可能であった。この改良弾は初速を高めるために、軽くてコンパクトに設計されていた。そして、その炭化タングステン弾芯が貫通力を向上させていた。標準的な榴弾(HE)はOF-350で、重量は6.2kg、0.7kgのTNT注入物と接触ヒューズを弾頭部に内蔵していた。

1941年4月の「ドイツ戦車砲恐慌」は、1941年夏から製造され始めたKV-1用の装甲強化砲塔の開発を促した。キーロフスキイ工場の疎開する直前の1941年秋に、レニングラード防衛のために、この戦車は工場から直接、近くまで迫っている前線に送られた。砲塔側面に描き込まれた政治的なスローガンは「我々は、10月の獲得地を守る」で、この街の1917年のボルシェビキ革命に言及したものである。

KV-2重戦車
The KV-2 Heavy Tank

オビーエクト220はKVシリーズをさらに近代化する試みであった。新型砲塔には107mm戦車砲が計画されたが、実際には85mm戦車砲が装備された。砲塔は延長され、新しい高出力エンジンに換装された。オビーエクト220は、のちのドイツのティーガーI重戦車にほぼ相当するが、ソ連は品質よりも生産性を重視したため、採用・量産はされなかった。

　フィンランドの前線から突破用戦車の開発要求があり、3種類の戦車については冒頭で紹介したが、第4番目がN・L・ドゥホフ技師を中心に進められた、新しい大型砲塔のKV戦車であった。この戦車は車載用に改修された152mm榴弾砲M-10を主砲としており、試作車は1940年1月末に完成して、キーロフスキイ工場の傍で臨時審査を受けた。試作車は、問題点があったにもかかわらず、ただちに4両を製造するように命令された。

　当初、この戦車は「大型砲塔KV（KV s bolshoi bashnei）」として知られていたが、すぐに「KV-2」に名称変更され、ソ連の戦車兵からは親しみを込めて「ドレッドノート」と呼ばれた。2月中旬に最初の2両が、フィンランドに展開中の第20戦車旅団に急送された。2両はフィンランド軍の陣地攻撃に使用され、1両は48発の砲弾を目標に撃ち込んだが、貫通することができなかった。KV-2は制式採用され、1940年の後半期から量産が開始された。

　KV-2は突破用重戦車として開発され、陣地など敵の強力な防御拠点の突破支援に使用された。車載用に改修されたM-10榴弾砲1938/40年型は、52kgの砲弾を初速436m/sで射撃し、距離500mで72mm厚の装甲板を貫通することができた。さらに重量40kgのコンクリート貫通用の特殊砲弾もトーチカ攻撃用に用意されていた。携行弾数は36発で、主に砲塔後部の張り出しに収納されていた。1940年からの量産開始前に砲塔形状が再設計された。新しい砲塔は形状が単純化されて、1枚板を緩やかに曲げた側面形状となった。さらに、照準器や視察装置はグレードアップされ、T-5直接照準器はTOD-9照準器に、PT-5ペリスコープ兼間接照準器はPT-9に更新された。車長にはPT-Kペリスコープ兼間接照準器も与えられた。後期生産型では、防御力強化のために車体前方機銃が追加された。

　KV-1は乗員が5名だったが、KV-2では車長・砲長・補助砲手・砲手・操縦手兼整備士・前方機関銃手兼無線通信手の6名となった。生産が1941年10月に終了するまでに、合計

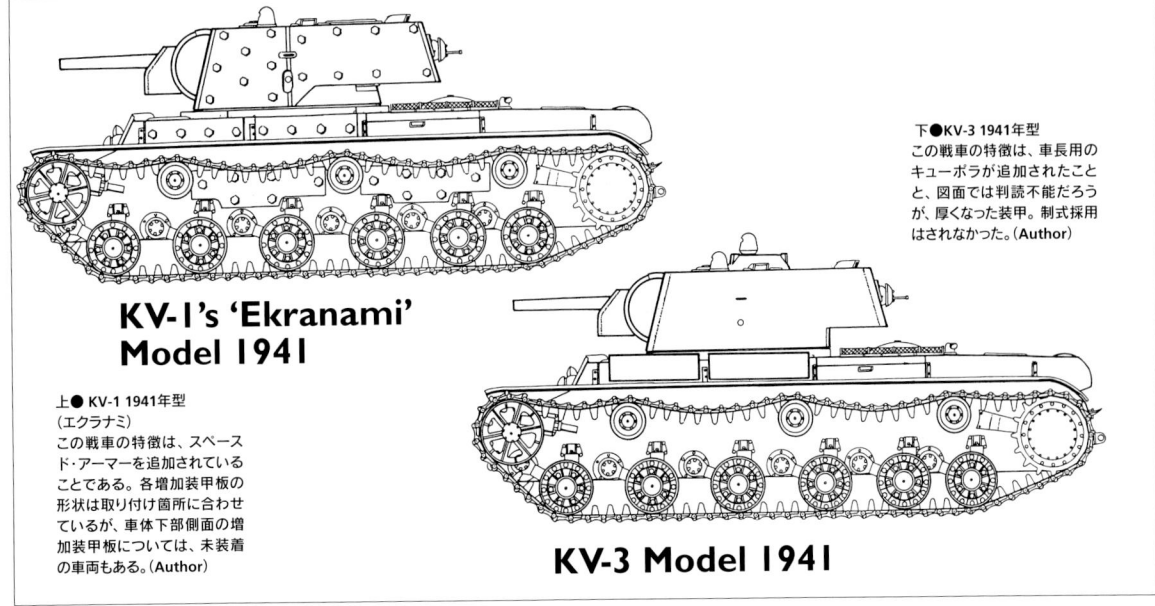

KV-1's 'Ekranami' Model 1941

上●KV-1 1941年型（エクラナミ）
この戦車の特徴は、スペースド・アーマーを追加されていることである。各増加装甲板の形状は取り付け箇所に合わせているが、車体下部側面の増加装甲板については、未装着の車両もある。(Author)

下●KV-3 1941年型
この戦車の特徴は、車長用のキューポラが追加されたことと、図面では判読不能だろうが、厚くなった装甲。制式採用はされなかった。(Author)

KV-3 Model 1941

KVシリーズに新しい107mm戦車砲F-39を搭載する計画があった。モスクワ近郊では、スターリンも見守るなかで、この砲をKV-2戦車に搭載して射撃試験が行われた。しかし、ドイツ戦車の装甲厚に関するクリーク元帥の報告が、実はひどく誇張されていたことがバロバロッサ作戦によって判明したので、計画は却下された。

訳注13：現ニジニ・ノヴゴロド。

334両が製造された。

KV-1の改良
Improving the KV-1

最初のKV-1戦車は1940年の夏に部隊配備の準備が整った。当初、KV戦車の発注台数は1940年度は50両だけだったが、フィンランドにおける活躍から増数され、同年中に141両のKV-1と、102両のKV-2の合計243両が製造された。

KVの生産はチェリャビンスク・トラクター工場(ChTZ)でも始められた。この工場の最初の生産試験車は、1940年12月31日に完成したが、量産開始は1941年の春からと、やや遅くなった。初期生産のKV戦車は、エンジンとトランスミッションの問題に悩まされた。エンジンは規定出力に達しておらず、操向は困難であった。

KV-1はゴーリキー市(訳注13)の第92火砲工場にあるグラビン火砲設計局のP・F・ムラヴィエフ技師のチームによって設計された改良型の76.2mm戦車砲F-32を装備する予定だった、しかし、開発が遅れたために、初期生産型には短砲身の76.2mm戦車砲L-11が装備された。F-32は1940年後半期に実用化された。この砲を搭載した戦車が、KV-1 1940年型であった。

1941年の初めに、グラビン火砲設計局では、新型のT-34中戦車に搭載される改良型の76.2mm戦車砲を開発していた。より長砲身となったこの砲は「F-34」と呼ばれた。F-34は1941年の春から生産され、まもなく若干のT-34戦車に搭載された。赤軍の中戦車は、その対抗馬である赤軍重戦車よりも、わずかに性能の良い主砲を搭載しているという奇妙な状況に至った。ドイツの侵略後、KV戦車の火力強化が承認された結果、ZIS-5と呼ばれるF-34の派生型に換装された。

装甲強化型KV-3
The Up-Armoured KV-3

1940年の対仏戦を題材としたドイツのプロパガンダ用映画で、フランスのシャールB1bisの強固な装甲が貫通されている映像があり、ソ連の情報機関は、ドイツ国防軍がこれまでよりも強力な対戦車砲を採用したと報告した。これを受けて、KV戦車の装甲強化型でのちにKV-3として知られる「オビーエクト222」の開発要求が承認された。KV-3の車体と砲塔の装甲は90mmまで強化され、車重も47.5トンから51トンに増えた。増えた重量を補うべく、通常の600馬力のV-2Kディーゼルエンジンに代わって、改良型である700馬力のV-5を装備するとした。武装には新型の76.2mm戦車砲ZIS-5を使うと計画された。そして、車長用

に特別なキューポラが装備された。試作車はF-32戦車砲を装備して完成し、1941年の初めに審査を受けた。

　KV-3は、戦争勃発直前の1941年5月に赤軍装備として制式採用されたが、主砲はまだF-32を装備していた。キーロフスキイ工場では1941年8月に、KV-1からKV-3に生産を移行する計画であった。しかし、これは戦争のために実現しなかった。しかし、KV-3は、赤軍が、KV戦車の基本設計に起因する問題点のいくつか、特にその乗員構成に関してを認めたことを意味しており、戦争勃発前までに、これらの解決策として計画されたのである。KV-3の計画は放棄されたが、KV-1の主砲は新しい76.2mm戦車砲ZIS-5に更新が決定した。これがKV-1 1941年型である。

　ドイツの新型対戦車砲に対する脅威から、1941年の春に、KV-1 1940年型に増加装甲を施すという破滅的な計画が決定された。工場では、より厚い装甲板を加工することができなかったので、増加装甲を、大きなリベットで砲塔に取り付けることが決定された。この戦車は「KV-1 エクラナミ(ekranami)」、文字通り、遮蔽板付きのKVの意味で、本書では、KV-1(アップリケ)1941年型の名称を当てるが、しばしばKV-IEとも呼ばれている。35mmの増加装甲はドイツの新型対戦車砲の徹甲弾(AP)との戦闘に備えて、狭い空間を設けて砲塔にリベット接合された。後期生産型になると、フェンダーの上下の両方の車体側面にも増加装甲が取り付けられ、砲塔リングの周囲に跳弾板が溶接されたが、砲塔の増加装甲がもっとも目立っていた。

超重戦車
Super Heavy Tank

　より威力のある主砲と、厚い装甲を備えたKV戦車の派生型を開発しようとする試みもあった。この計画は「オビーエクト220」として実行された。当初の計画では、オビーエクト220には、85mm対空砲から派生した新型の85mm戦車砲F-30 を搭載予定であった。しかし、

1941年の秋に前線に移動中のKV-1 1940年型。装甲強化型砲塔を搭載している。砲塔基部を保護するための跳弾板が溶接されるなど、夏の戦闘から学んだ教訓の一部は、すでにKV戦車に導入されていた。

1941年の初めに赤軍の指導部で、この砲や他の戦車砲計画に関して、かなりの混乱を引き起こす論争が噴出した。

砲兵総局（GAU）の局長であるI・クリーク元帥は、いくつかの断片的な情報だけで、ドイツ戦車の主砲が100mm砲、もしくは、それ以上の大口径砲に換装されていると勝手に確信したのみならず、新しい57mm対戦車砲ZIS-2や76.2mm戦車砲F-32などでは、ドイツの新型戦車の充分な装甲には効果がないと主張。107mm戦車砲F-39と107mm対戦車砲ZIS-6を優先するために、他のすべての対戦車砲と戦車砲の生産中止を要求したのである。戦車工業および軍需工業の首脳は、クリーク元帥の情報は信憑性がないとして彼の意見に反対し、もし真実であるとしても、砲弾の改良や既存の弾薬と互換性のある85mm砲で、ドイツ戦車の装甲を貫通可能であるとした。さらに、軍需工業の首脳は、戦争の脅威が地平線の向こうから近づいている最悪の瞬間なのにこのような決定をすると、主要な戦車と対戦車砲の生産が混乱するとして、大いに危惧した。

幾度かの最高幹部会議の末に、1941年3月には、クリーク元帥の見解が最終的に勝利を納めた。主要な対戦車砲と砲弾の生産を中止して新型の砲が完成するまで待つという、この方針変更は、不幸な影響をおよぼすことになる(訳注14)。1941年4月5日に、オビーエクト220の主砲は85mm砲から不意に107mm戦車砲へと変更され、グラビン火砲設計局は開発作業を早めるよう命令された。

オビーエクト220はKV-1の車体を延長し、新しい航空機用エンジンM-40から派生した「V-2PUN」、またはV-2Kエンジンの改良型の「V-2SN」を搭載していた。一両、もしくは、それ以上の試作車は1941年の初夏に完成したが、F-39戦車砲は1941年7月15日まで完成しなかった。新しい砲は審査のためにKV-2に搭載されたが、量産品が戦車に搭載されることは決してなかった。その理由は戦争の勃発、そして、クリーク元帥の誤った要求ほどドイツ戦車の装甲は厚くないと判明したからである。かくして、本来の計画どおり、オビーエクト220の試作

ケレスラフスキイとストゥルコフのKV-4計画案(Author)

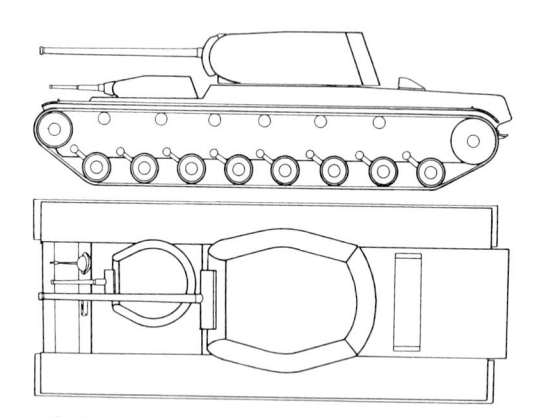

KV-4計画案（ケレスラフスキイ）
KV-4 Proposal (Kreslavskiy)

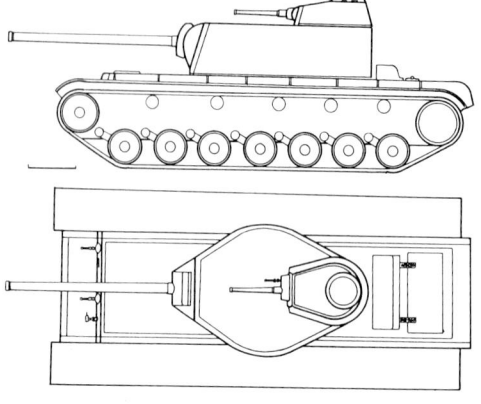

KV-4計画案（ストゥルコフ）
KV-4 Proposal (Strukov)

左頁●KV-1には多数の実験的な派生型があったが、この戦車はしばしばKV-12と呼ばれている特殊な化学戦用車両で、ガス散布システムを左右フェンダーの後部に装備していた。この装置は、4つの貯蔵タンクとふたつのスプレー機構で構成されており、化学薬品か煙を散布することができた。このような車両を欲する大きな要求がなかったので、プロジェクトは結局中止された。
(R. Ismagilov)

訳注14：開発当時、76.2mm戦車砲用の砲弾備蓄は、必要量のわずか12％しかなかった。

KV-1の少ない特殊目的の派生型のひとつが、KV-8火焔放射戦車であった。この派生型は主砲の代わりに火焔放射器を主武装とし、自衛用に同軸で45mm戦車砲を、標準の76mm戦車砲に偽装するためにダミーの筒状カバーを付けて装備した。1942年に捕らえられたKV-8をドイツ側で撮影した記録用の写真である。

車は85mm戦車砲F-30を搭載した。少なくとも1両は1941年にレニングラードの防衛戦に参加しているが、オビーエクト220は赤軍装備として制式採用はされなかった。あまりに重く、エンジンにも問題があったからである。オビーエクト220は、非公式にKV-220と呼ばれていたけれども、KVの名称は決して与えられなかった。ただ、装甲と火力に関しては、約1年半後に出現するドイツのティーガーIとほぼ同等であった点で、注目すべき価値はあろう。

KV-4とKV-5
The KV-4 and -5 Models

クリーク元帥の誤認情報に起因する論争は、超重戦車の更なる研究を促した。1930年代には、100トン戦車や、それよりも大きな戦車を開発するというさまざまな計画があったが、スターリンが、107mm戦車砲を推進すると決定してから、ふたたび、それを搭載する非常に大きな戦車が必要とされ、92トン級のKV-4（オビーエクト224）と150トン級のKV-5（オビーエクト225）というふたつの計画が着手された。

KV-4の仕様は、107mm戦車砲F-39を主砲とし、130mmの正面装甲と125mmの側面装甲を備えており、片側7個転輪の長い車体となっていた。一方、KV-5は武装こそKV-4と同じだが、正面装甲は170から180mm、側面装甲は150mm、片側8個転輪の車体とされた。

レニングラードの第2特別設計局（SKB-2）の技師たちは、KV-4とKV-5のために、22種類もの全体形状のデザインを提案した。そのなかにはN・F・シャシムリンが発案した、従来型である単一砲塔形式も含まれていた。M・I・ケレスラフスキイのデザインのひとつは、エンジンを車体中央部、操縦手の背後に置いてあり、別のデザインは、イラストで示したように、SMKに似た構成となっていた。ストゥルコフのデザインは、砲塔を車体中央部の通常位置に搭載したが、45mm対戦車砲を装備する小砲塔が107mm砲塔の上部に追加されていた。一方、KV-5のデザインについての詳細はほとんど知られていない。

キーロフスキイ工場の東部地域への移転によって、1941年8月15日までに、KV-4およびKV-5に関するいかなる研究も中止させられた。多くの関係者は、ソ連の鉄道輸送の重量制限である55トンを超過した、このような戦車の実用性について懐疑的であった。SMKとT-100重戦車さえ、輸送はきわめて困難であった。さらに、このような巨大戦車を動かすのに必要な出力を供給でき、なおかつ、車載可能なサイズのエンジンを開発した経験など皆

1942年に、このKV-1Kのように砲兵用ロケットを戦車に搭載する実験が、少しだけ行われた。RS-82のカチューシャロケット弾のために、2本のレール・ラウンチャーを内蔵し、装甲で守られた箱が、左右フェンダーに1個ずつ取り付けられた。最終的にこのアイディアは却下されたが、その理由はおそらく、ロケットの弾着の不正確さのためであろう。(R. Ismagilov)

無であった。

供給の矛盾
Discrepancies in Supply

1941年6月までのKV戦車の生産数は合計700両以上で、ドイツ軍が侵攻開始する1941年6月22日までに508両が部隊配備されていた。この時、ソ連の戦車部隊は大きな再編成の最中であったが、その再編成は必ずしも助けとはならなかった。

1940年に、スターリンは61個戦車師団から成る29個の機械化軍団の編成計画を立てた。しかし、これはソ連の戦車部隊の現状を考慮すると、非常に楽天的な計画であった。新しい1940年型の機械化軍団は、2個戦車師団と1個自動車化師団で構成され、合計約1031両の戦車を装備した。提案によれば、各戦車師団は、63両のKV重戦車、210両のT-34中戦車、147両のBT-7快速戦車、19両のT-26歩兵隊戦車、8両のT-26火焰放射戦車、53両のBA-10装甲車と19両のBA-20装甲偵察車を装備するとされた。各戦車連隊には31両のKV戦車で編成される1個大隊が配備予定であった。この編成には3800両以上のKV重戦車を必要としたが、戦車生産計画によれば、1942年度末までこのような数は確保できなかった。

提案された編成と現実の車両保有数のあいだには、はかり知れない隔たりがあったため、定数に近い配備を受けた戦車師団はごくわずかであった。KV戦車の配備状況は非常に不均等で、たとえば、第15機械化軍団の第10戦車師団には、定数どおりの63両のKV戦車が配備された一方で、同じ軍団の第37戦車師団では、たったの1両だけ

KV-1 1941年型の砲塔に砲弾を補給する乗員である。この車両は、カラー塗装図で紹介した第12戦車連隊の「ベスポシャドゥヌイ(無慈悲、あるいは無容赦)」号である。数ヶ月の戦闘後、乗員たちは砲塔後部に、彼らの戦果を小さなシンボル・マークで書き加えた。星は撃破したドイツ戦車を表す。

KV-1の生産がチェリャビンスクのタンコグラードに移されたとき、装甲強化型溶接砲塔と併行して、新しい鋳造砲塔が導入された。また、それまでのF-32戦車砲に代わって76mm戦車砲ZIS-5も装備された。この戦車はKV-1 1941年型の初期生産車で、1942年1月、モスクワ前面からドイツ軍を押し戻した赤軍の反撃の直後に、クリン付近で撮影された。（Aksonov）

1942年5月の西部戦線における第116戦車旅団のKV-1戦車の一群。手前の戦車は、鋳造砲塔のKV-1 1941年型で、ロシア内戦の英雄「シショーロス」の名前を砲塔に書いており、その向こうのKV-1 1941年型（装甲強化型溶接砲塔）は、ナポレオンと戦ったロシアの皇太子の「バグラチオン」(*)の名前を書いている。（*訳注：バグラチオン将軍は、アルメニア王族の出身で、ロシア皇太子ではない）(Chernov)

であった。最低でも1個大隊のKV戦車が配備された機械化軍団はわずか6個だけで、なかでも第6機械化軍団は、最多の114両のKV戦車を受領した。

多数のKV戦車が配備された機械化軍団を個別に数字で見ると、第3機械化軍団が52両、第4機械化軍団が99両、第6機械化軍団が114両、第8機械化軍団が71両、第15機械化軍団が64両、そして、第22機械化軍団が31両となっており、第3機械化軍団は沿バルト軍管区に、第6機械化軍団が白ロシア軍管区、他は、すべてウクライナ西部のキエフ特別軍管区に置かれた。

新しい戦車師団は新型のT-34中戦車とKV重戦車を熱烈に歓迎した。しかし、これらの戦車を受領した多くの部隊は、開戦までに適切な訓練時間がほとんどなかった。1941年6月22日の時点で部隊配備されていた508両のKV戦車のうち、41両は開戦の4週間に届けられており、大部分のKV戦車は開戦前に10時間以上動かされたことがなかった。主砲弾である76.2mm砲弾は必要量の約10％だけであった。KV-2を受領した大多数の部隊では、存在しない徹甲弾（AP）の代わりに旧式の09-30 152mmコンクリート貫通弾を使用することを、誰も知らされていなかった。一部のKV-2部隊、たとえば第22機械化軍団の第41戦車師団などは、配備された全車に砲弾が1発もなかった。

これらの士気を挫かれるような困難にもかかわらず、大部分のソビエト戦車兵は、彼らの素晴らしい新型戦車のおかげで、血気盛んで自信に満ち溢れていた。事実、KVに匹敵する戦車は世界中のどこにもなかった。もっとも近い戦車は、

派手なマーキングのKV-1 1941年型が、煙を上げて燃えているドイツのIV号戦車の脇を進もうとしている。1942年の南西方面軍での光景である。この戦車は、KV-1 1941年型の原型車というべき1両で、初期型の溶接砲塔、初期の緩衝材内蔵転輪などを装備しており、砲塔旋回リングを保護する跳弾板も取り付けている。砲塔に書かれたスローガンは"ザ・ロ ディーヌ／Za Rodinu"＝「祖国のために」である。

KVと比較すると非常に古風なデザインではあるが、フランスのシャールB1 bisと、武装が貧弱ではあるが、イギリスのマチルダであった。当時のドイツ戦車で、もっとも重量のあるIV号戦車D型は、特別に重装甲ということはなく、その短砲身7.5cm戦車砲はKV戦車の装甲を貫通することができなかった。さらに、当時のドイツのすべての対戦車砲は、最新型の5cm Pak38さえも、通常の戦闘条件では、KV戦車の装甲貫通は不可能であった。1940年の対仏戦において、シャールB1 bisを撃破したように、KV戦車を仕留められるのは、8.8cm対空砲のみであった。

operational history

戦歴

　ドイツ国防軍は、1941年6月22日にバルバロッサ作戦を開始した。事前に、続々と寄せられていた「ドイツの攻撃が迫っている」という情報について、スターリンが、その信憑性を断固として拒否したため、赤軍は何の反撃準備もしていなかった。かくして、ドイツ軍の侵攻が始まった時点で、多くの赤軍部隊は散在しているか、彼らの担当すべき作戦地域へ移動中という有様であった。

ドゥビーサ川の防衛戦
Defensive Action on the Dubissa River

　開戦の翌日にリトアニアで、KV戦車とドイツ戦車の最初の激しい戦闘があった。F・I・クズネツォフ大将の西北方面軍は、定数不足ながら2個機械化軍団を保有していた。クールキン少将が指揮する第3機械化軍団（KV戦車52両保有）と、シェストパロフ少将の第12機械化軍団（KV戦車は1両もなし）であった。第3機械化軍団はただちに分割され、第2戦車師団は、第12機械化軍団とともに、幹線道路であるチルジット・シャウリヤ街道に沿って前進するドイツ軍を食い止めるために、ドゥビーサ川方面（訳注15）へ送られ、そして第5戦車

訳注15：原著者はドゥビッサ川（Dubissa River）としているが、ソ連側の戦記や地図ではドゥビーサ川となっているため、こちらを採用した。ドイツ側、もしくはリトアニアでの呼称なのか翻字法の差異によるものかは不明。

戦時中、ソ連の戦車修理廠は40万両以上の装甲車両をオーバーホールした。そして、多くの戦車が寿命が来るまで何度も再修理された。これは1942年にモスクワの「鎌とハンマー」工場で修理されている、KV-1 1941年型(鋳造砲塔)である。この車両は鋳造砲塔のKV-1 1941年型としては、緩衝材内蔵転輪など、初期生産型の特徴が見受けられる1両である。1941年型の大部分は、後期型というべきスポーク・パターンの転輪を装着している。

師団は、アリトゥス市街の南端に急行した。

E・N・ソリャリャンキン将軍の指揮する第2戦車師団を迎えたのは、激しい戦闘であった。幹線道路に沿って前進していた、ドイツ第6戦車師団(第4戦車集団所属)の35(t)軽戦車を含む先鋒部隊と真正面から衝突したのである。20両のKV戦車と少数のT-34に支援された、約80両のBT快速戦車は、ただちに攻撃を開始した。

ドイツ第6戦車師団を傘下に置いていた第41戦車軍団の司令官であったラインハルト将軍は、この時のKV戦車との遭遇戦を回想して、こう語っている

「……この地区での迎撃戦に投入した我々の100両の戦車のうち約1/3はⅣ号戦車であった。敵兵力の主力は側面に位置していたので、正面の敵は一部に過ぎないと気づいた。我々は側面の三方向から敵の鋼鉄の怪物(KV戦車のこと)へと連続射撃を行い、撃破を試みたが無駄であった。反対に我々の戦車はすぐに破壊されてしまった。

このロシアの巨人に出鼻を挫かれた戦車隊は、被害の拡大を防ぐために撤退を始めた。複数の巨人戦車は、深さと幅が同じくらいの梯形の攻撃隊形で、徐々に接近して来た。このなかの1両の黒っぽい怪物は、湿地帯にはまり込んだ我々の戦車に近づくと、躊躇なくしかも簡単にその戦車を踏み潰した。まさに、その時に15cm重榴弾砲が到着した。砲長が『敵戦車、接近!』を叫んだ時点で、すでに砲兵たちは、味方へ多少の被害がおよぶことなど、おかまいなしに連続射撃を始めていた。1両の敵戦車は重榴弾砲の100m以内まで接近していた。砲兵たちは全力で目標に砲弾を撃ち込んだ。戦車はあたかも落雷で感電死したかの如く停車した。

『仕留めた!』砲兵たちはそう思い、安堵した。
『そうだ!俺たちが仕留めたぞ!』

写真は1942年冬、北部ロシアのカリーニン戦線におけるKV-1 1941年型（鋳造砲塔）で、乗員は、「イストレビテリ／Istrebitel（ファイター）」と名付けた。戦車の前に立っているのは、戦車長のI・M・トヴステハ少尉である。戦車に太い材木を載せているが、これは戦車が軟弱地から脱出する際のビームとして使用された。（P. I. Maksimov）

「砲兵大尉が言った。しかし、誰かの叫び声は、彼らの表情を急変させた。
『おい、また動きだすぞ!』」
「その言葉を疑う余地すらも与えてもらえず、きらきらと輝く履帯が迫って来て、重榴弾砲はまるでオモチャのように踏み潰され、地面にめり込んだ。怪物があらゆるものを踏み潰す光景は続いた。あたかも、これが自然の摂理であるかのように……」

　KV戦車に対しては35(t)軽戦車の37mm戦車砲は無力であるばかりか、はるかに威力のあるはずのIV号戦車に搭載された短砲身7.5cm戦車砲すらも効果がないことが判明した。この砲は「シュツンメル（切り株）」と呼ばれ、当時のドイツの戦車砲としては、もっとも強力であった。第2戦車師団はこの戦闘で40両のドイツ戦車を撃破し、同数の3.7cm対戦車砲や10.5cm軽榴弾砲を踏み潰して破壊した。同師団の何両かの戦車には、まったく砲弾が搭載されていなかったのである。

　ラシェイニャイ(訳注16)北部に位置する第12機械化軍団に合流するために、第2戦車師団は、正午までにスカウドヴィレ周辺の戦場から離脱した。この時までに師団はほとんど燃料と弾薬を使い果たしており、多くの旧型戦車は無理な行軍が祟り、各部の点検・整備が必要となっていた。師団はドゥビーサ川沿いを上流に向かって進んだが、ドイツ第6戦車師団の前進を恐れていた。すでに第6戦車師団はラシェイニャイを占領し、ドゥビーサ川に少なくとも2箇所の橋頭堡を確保していたのだ。

　橋頭堡への攻撃が行われ、ソリャンキン将軍はラシェイニャイ市内のドイツ第6戦車師団と川に位置するドイツ軍部隊を寸断するために、1両のKV-2と若干の歩兵を送った。

　35(t)軽戦車の1個大隊が、リュダヴェライ付近の北側の橋頭堡にあり、もう1個大隊は、より遠い川下にあった。6月23日の午後に、リュダヴェライの大隊は自らが寸断されたと理解し、背後からの攻撃に備えて、第41戦車猟兵大隊から一部の対戦車砲と、第76砲兵連隊から10.5cm軽榴弾砲を南側の防衛のために送った。

　翌朝、ラシェイニャイからの救援縦隊が孤立した大隊に辿り着こうとしたが、その12両のトラックは、KV-2によって粉々に吹き飛ばされた。KV-2は両方の橋頭堡に通じている道の分岐点をカバーする位置に配置された。ドイツ軍の橋頭堡救援の更なる試みはいずれも失敗に終わり、川の状況は次第に心許なくなっていた。

　孤立した大隊への赤軍の攻撃は激しかった。35(t)軽戦車の3.7cm対戦車砲は、KV戦車

訳注16：著者はRasyeinyiaと記しているが、ソ連の地図上の地名はRasieinyaiなので、こちらを使う。

訳注17：聖書に出てくる巨大な海の怪物レヴィヤタンのこと。得体の知れないものの比喩として、しばしば欧米人が使う。もちろん、KV戦車のことである。

右頁下●1942年に装甲厚を増した装甲強化型鋳造砲塔が導入された。これは砲塔後部機銃の周囲に保護リングが付加されたので、簡単に識別できる。それまでは車体後部形状が曲面であったが、車体の装甲の増強に伴い、単純な角形形状となった。このKV-1 1942年型は、フィンランドのパロラ戦車博物館で現在も展示されている。

ロシアの博物館の展示車両の細部写真であるが、KV重戦車で使われた異なる4種類の転輪を示している。一番右の転輪は緩衝材として中に弾力のあるゴム・リングを内蔵しており、1939年から1941年ころまで使われた最初のパターンである。一番左のスポーク・パターンの転輪は、1941年の秋から代替が始まり、KV-1 1941年型と1942年型の標準仕様となった。右から2番目の転輪はKV-ISで使われる最初のタイプのうちのひとつで、右から3番目の転輪は、KV-IS用の別タイプである。
(Janusz Magnuski)

にとっては豆鉄砲でしかなく、10.5cm軽榴弾砲だけが、リヴァイアサン(訳注17)に多少の効果はあった。

　しかし、状況はドイツ第1戦車師団に、ソ連軍への側面攻撃を依頼せねばならないほどに深刻であった。午後に、複数の真新しい5cm対戦車砲Pak38と砲手が、橋頭堡からKV-2へと注意深く移動した。もっとも近づいた砲は、戦車までの距離が、わずか550mであった。その先頭の砲が砲撃を始めると、すぐに他の砲も続いた。KV-2は初弾の直撃を受けてもびくともせず、続いて他の砲が撃った6発の砲弾も何の効果もなかった。最初の対戦車砲は、KV-2の主砲の直撃で破壊された。そして、続く数発の砲弾が他の砲にも損害を与えた。一方、ラシェイニャイの近くの対空陣地から、第298対空砲大隊の8.8cm対空砲が苦心して引き出されて、枝でカモフラージュされた。ハーフトラックはKV-2から見えないように、破壊されたトラックの背後づたいに慎重に砲を牽引して、わずか900mまで接近したところで、砲兵たちは急いでリンバーから砲を降ろし始めた。しかし、この様子はKV戦車から監視されており、KV戦車の砲手は2発の直撃弾によって、8.8cm砲と牽引車を破壊した。負傷者の

23

救援隊は戦車からの機銃掃射で、現場に近づけなかった。

　その夜、第57機甲工兵大隊の1個分隊が闇に紛れて、匍匐前進でKV戦車に近づき車体に通常の2倍量の爆薬を置いて爆発させた。しかし、KV戦車の息の根は止められず、あたり一面に機銃掃射を始めたので、工兵たちは顔を上げることもできなかった。分隊の撤収に遅れたひとりの工兵は、戦車に再接近して戦果を確認した。爆薬は履帯を切断し、フェンダーを引きはがしただけで、装甲には何の損傷もなかった。彼は砲身に小型爆薬を仕掛けたが、これも取るに足りない結果をもたらしただけであった。

　ドゥビーサ川への道路上の邪魔者を排除するための無駄な試みが続く間に、ドイツ軍がレニングラードに至るまでの過程で最大の戦車戦が、北部の深い森と沼が多い地域で起こっていた。第6戦車師団の救援のために戻って来た第1戦車師団は、ソ連の第12機械化軍団と第2戦車師団の西側面への攻撃を開始した。第1戦車師団の第113機甲擲弾兵連隊の攻撃中、数両のKV-2が暴れまわり、第37戦車猟兵大隊の3.7cm対戦車砲は、何の戦果もないまま、すぐに「ドレッドノート」どもに踏み潰された。

　第1戦車師団は多数のⅢ号戦車とⅣ号戦車を装備していて、第6戦車師団の非力な35(t)軽戦車よりは、KVに対して攻撃効果はあった。どちらの戦車もKVの正面装甲を貫通することは不可能であったが、状況によっては、時々、行動不能にすることができた。第1戦車連隊の戦車兵は、ドゥビーサ川での6月24日の遭遇戦について書いている。

　「……ここで初めて遭遇したKV-1とKV-2は、たいした戦車であった。我々の中隊は距離800mで射撃を開始したが効果はなかった。我々は徐々に接近し、すぐに距離50～100mで互いに直面した。凄まじい撃ち合いとなっ

1942年にコーチンの設計局は、KV-13汎用戦車の開発を始めた。この戦車はT-34並の車格と車重に、KV戦車の重装甲を融合させる試みであった。写真はT-34の履帯を使ったKV-13Tである。ドイツ軍のティーガーとパンターの実戦投入によって、厚い装甲ではなく、新しい主砲の必要性が明白になったので、汎用戦車のライバルであったKV-13とT-43は、どちらも開発が中断された。
(Slava Shpakovskiy)

北洋航路の管轄組織である北洋航路総局(GUSMP)からの寄付で購入された21両の新しいKV-IS戦車が、1942年秋に第5独立親衛重戦車連隊へ配備された。これらの戦車には「ソヴィエツキッフ・ポールヤルニク(ソビエト北極探検隊)」と記銘されていた。連隊は、1942年12月に、スターリングラード戦に送られ、カザチイ・クールガン北西のドン方面軍の第65軍を支援するために、同市近郊の戦闘に参加した。

カラー・イラスト

解説は50頁から

図版A1：KV-1 増加装甲型　戦車旅団　1941年9月

図版A2：KV-1 1941年型（装甲強化溶接砲塔）
第1モスクワ自動車化狙撃師団　第12戦車連隊　1942年8月

A

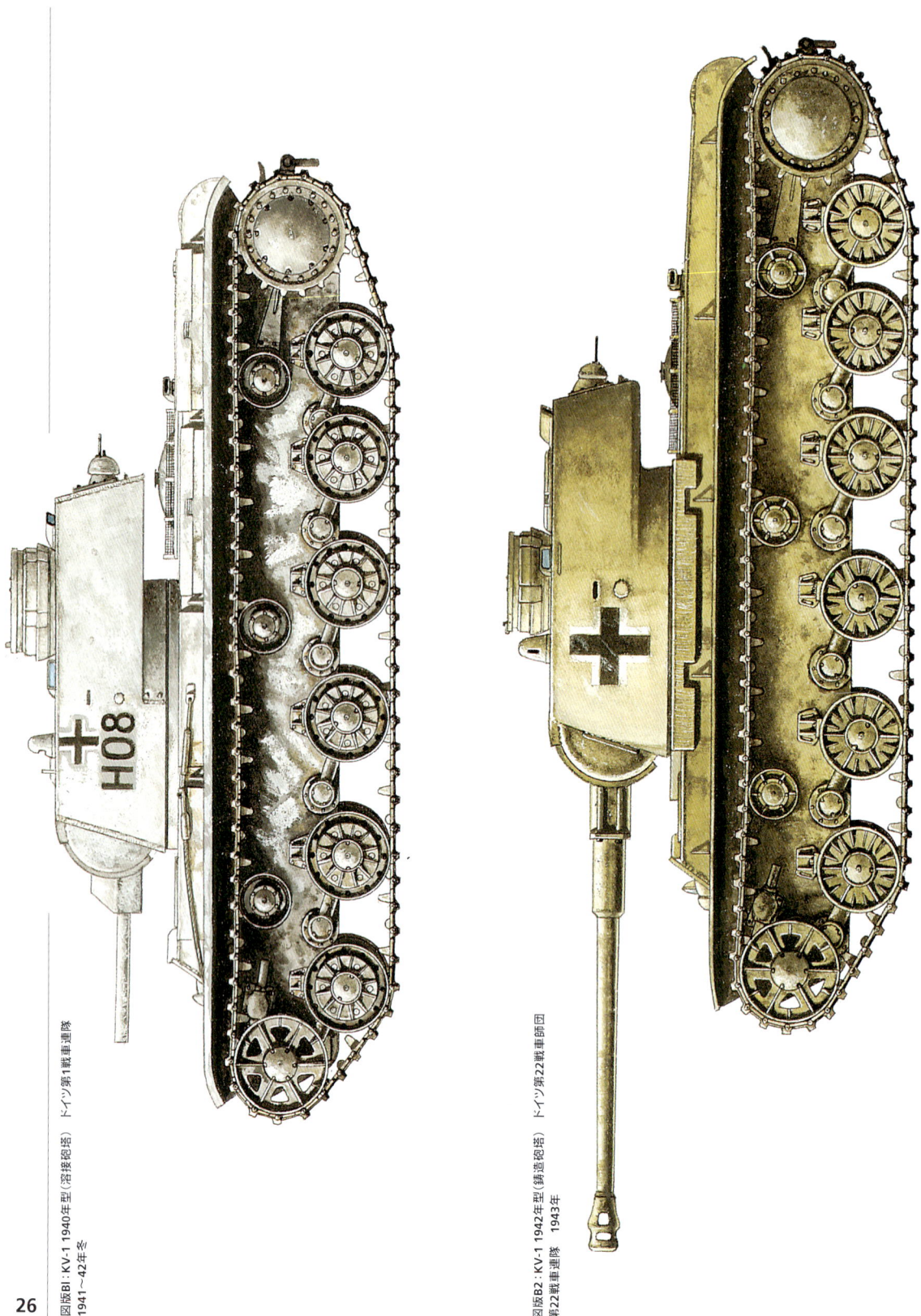

図版B1：KV-1 1940年型（溶接砲塔） ドイツ第1戦車連隊 1941〜42年冬

図版B2：KV-1 1942年型（鋳造砲塔） ドイツ第22戦車師団 第22戦車連隊 1943年

図版C：KV-1 1942年型 フィンランド戦車師団 戦車旅団 第3（重）戦車中隊 イハンタラ 1944年8月

図版D：
KV-1 1941年型 ソ連重戦車連隊
1942年

各部名称
1. 10-R無線通話機
2. 空中拡張架付き無線機用アンテナ
3. 操縦手用アクセルペダル
4. 操縦手用左ステアリングレバー
5. 防護ガラス製操縦手用視察孔
6. 寒冷地エンジン始動用圧縮エアボンベ
7. 操縦手用クラッチ
8. 装甲防盾
9. 砲手用砲塔旋回ハンドル
10. 砲塔上面ベンチレーター・ファン防護カバー
11. PT-4-7ペリスコープ兼間接照準器
12. 主砲俯仰ハンドル
13. 砲塔上面ハッチ
14. 76.2mm戦車砲ZIS-5閉鎖機
15. 空薬莢受け／防危板
16. 対空用7.62mmDT機銃
17. 砲塔内部用即用主砲弾収納架
18. 砲塔上面ペリスコープ装甲カバー
19. 7.62mm機銃弾倉収納架
20. 砲塔後部7.62mmDT機銃
21. 機銃用防盾
22. 砲手席
23. 砲塔旋回リング保護用跳弾板
24. エンジン用エアフィルター
25. エンジン点検ハッチ
26. 右排気管
27. V-2Kディーゼルエンジン
28. エンジン用ラジエーター
29. ラジエーター冷却用吸気口
30. トランスミッション点検ハッチ
31. 操向ブレーキ機構
32. 乾式多板クラッチ
33. 起動輪
34. 工具収納箱
35. 車体底面主砲弾収納部
36. 砲塔内電気系統接続パイプ
37. 戦闘室床面保護マット
38. 砲手用主砲発射ペダル
39. サスペンション用衝撃緩衝装置
40. 車体左側面135リッター燃料タンク
41. 車体前方7.62mm機銃用弾倉収納架
42. 操縦手用クラッチと車体後部トランスミッションの機械式伝達系統
43. 操縦手席
44. 転輪
45. 誘導輪
46. マンガン鋼製連結履帯

性能諸元
乗員：5名(車長、砲手、補助操縦手兼整備士、操縦手、無線通信手兼前方機銃手)
戦闘重量：47t
出力重量比：13hp/t
車体長：6.750mm
車幅：3.320mm
車高：2.710mm
エンジン：V-2K V型12気筒4サイクル・ストローク、500hp/180rpm、総排気量38.8リッター、ディーゼルエンジン
車内携行燃料量：600リッター
路上最高速度：35km/h
路外最高速度：17km/h
最大行動距離：335km
燃費：2.4リッター/km
渡河水深：1.5m

武装：76.2mm戦車砲ZIS-5(42口径施条砲)、7.62mmDT機銃 3挺
主砲弾種：BR-350A徹甲弾(AP)、OF-350榴弾(HE)、Sh-350A成形炸薬弾(HEAT)
初速：680m/s (BR-350A)
最大有効射程：2400m
主砲弾携行数：135発
主砲俯仰角：-4度～+24度

装甲：基本車体75mm、車体前部75mm＋26mm、防盾75mm＋31mm、車体下部40mm、車体後部32mm、砲塔前面および側面95～100mm鋳造装甲、砲塔上面30mm

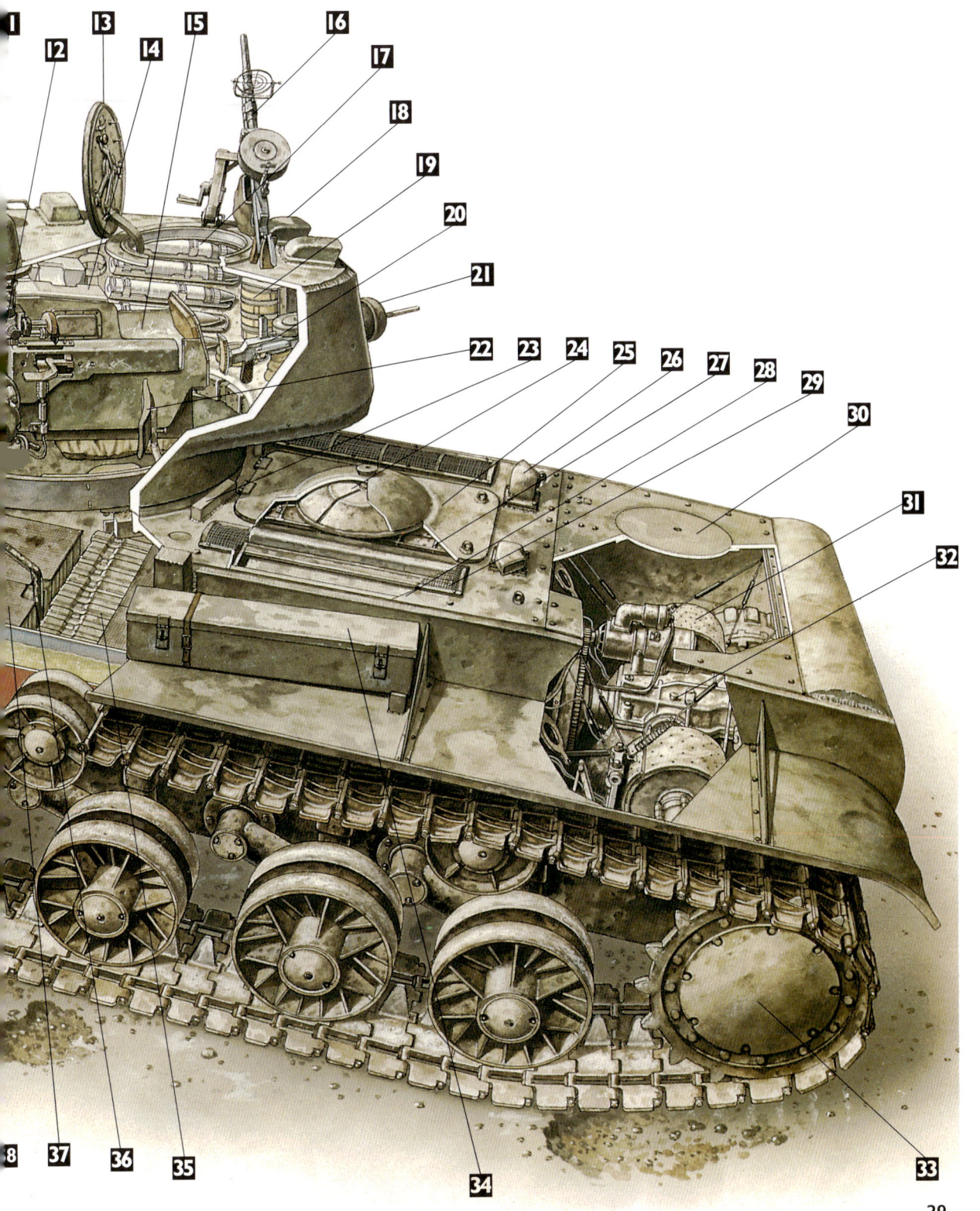

図版E：KV-1S 第5独立親衛サボロジェ重戦車連隊 スターリングラード 1942年12月

図版F：KV-8S火焔放射戦車 1943年型
火焔放射戦車連隊 1944年夏

図版G：KV-1S 重戦車連隊 ベルリン戦 1945年4月

この細部写真は、大きく改修されたKV-1Sの砲塔後部を示している。砲塔左側には車長用キューポラが装備され、右側には装塡手用の新しいハッチが別に設けられた。KV-1Sの砲塔は、KV-1 1942年型以前の鋳造砲塔より、かなり小さかった。

たが、我々は、いかなる戦果もあげられなかった。徹甲弾が簡単に跳ね返されたからである。KV戦車どもは我々の右脇を通り抜け、歩兵と後方部隊の方へと向かった。我々は旋回して連中のうしろに続き、至近距離の30〜60mから、特殊な砲弾(Pzgr40)で、彼らの一部を撃破することに成功した。

「第6戦車師団の火砲は、戦場を見渡せる高地に配置され、KVに対して、効果的とはいえない35(t)軽戦車の攻撃を支援していた。35(t)軽戦車は、KVより軽量な、BT快速戦車とT-26軽戦車に対しては大きな戦果をあげた。

「2個の戦車師団から挟撃されて、ソ連軍の残存兵力は沼地に押しやられた。ここに入り込んでくれれば、たやすい獲物である。夕暮れまでには、約180両の燃えているソビエト戦車の残骸が、戦場中に散らばっていた……」

　赤軍の被害は29両のKV-1とKV-2であった。そして、そのうちの1両は70発も撃たれながら、貫通弾は1発もなかった。この一度の遭遇戦でバルト地域で生き残っていた大部分のKV重戦車は失われた。北側からの脅威から解放されて、35(t)軽戦車の小隊は翌日に、橋頭堡から孤独なKV-2のいる十字路の傍の小さい木まで移動した。

　もう1門の8.8cm対空砲がラシェイニャイから慎重に運ばれているあいだ、彼らはKV-2の戦車兵の気を散らすために絶え間ない砲撃を続けた。8.8cm対空砲は定位置に着くと、ただちに砲撃を行ない、6発の直撃弾が命中した。35(t)軽戦車の戦車兵はKVを調べるために降車した。KV-2は燃えさえしなかった。戦車を外から見たところ、6発の直撃弾のうち、貫通弾はたった2発であることが判明し、彼らはぞっとした。5cm砲の攻撃による7つの小さい抉られたような跡はあったが、3.7cm砲による明らかな損傷跡はなかった。戦車兵たちが車体上面に登ると、KV戦車の主砲は彼らの方へ動き始めた。彼らと一緒だった工兵が機転を効かせて、砲塔後部の穴から数個の手榴弾を投げ入れて、この厄介な障害物の行動に終止符を打った。

　この1両のKV-2は、ドイツ第6戦車師団の救援のために前進していた第1戦車師団に戻って来ることを余儀なくさせ、第4戦車集団のレニングラード到着を遅らせたことに充分な役割を果たし、ソ連第2戦車師団の全滅を1日間だけ遅らせた(訳注18)。

訳注18：部隊が壊滅した翌日までこのKV-2が生存していたので。

　KV戦車は、ウクライナのボロドフ・ドゥブノの大きな戦車戦でも顕著な活躍をしたが、この時期の赤軍の抱える深刻な問題点のせいで、ラシェイニャイのような決定的な戦果はなか

専門の修理工場で施されるKV戦車の定期的な重整備は、設計者が意図しないようなさまざまな部品が混ざり合った戦車を生み出した。1944年にラトビアで行動中のこのKV-1は、第2バルト方面軍の車両で、車体はKV-1Sだが、KV-1 1941年型の古い装甲強化型溶接砲塔を載せている。おそらく、本来のKV-1Sの砲塔が、ドイツの砲撃によって貫通され、修理不可能であると判断したので、このようなハイブリッド戦車に改修されたのであろう。

った。しかし、KV戦車は、ドイツ戦車隊や無防備な歩兵部隊に対抗できる唯一の戦力で、彼らの前進に、大きな代償を払わせた。1941年のウクライナの戦車部隊の司令官であるモルグノフ少将は、1通の機密報告書を書いている。KV戦車の不死身に近い頑強さを認め

KV-1 (up-armoured welded turret) Model 1941

KV-1 1941年型
(装甲強化型溶接砲塔)
KV-1 1941年型の特徴は、新しい主砲の76mm戦車砲ZIS-5である。極初期の生産車はKV-1 1940年型と同じ砲塔を使用していたが、1941年の一般的な生産型は、この側面図で示した装甲強化型溶接砲塔で、砲塔側面の後下部が、砲塔リングに沿って丸まっていないのが特徴である。1/76スケール。(Author)

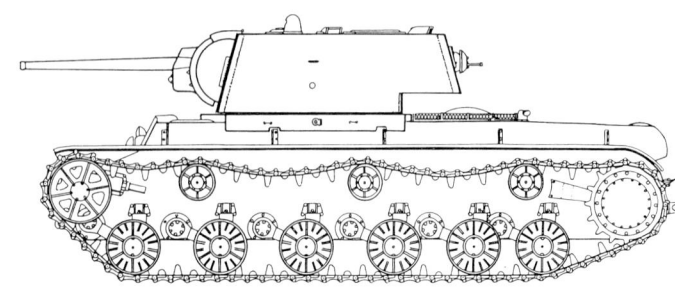

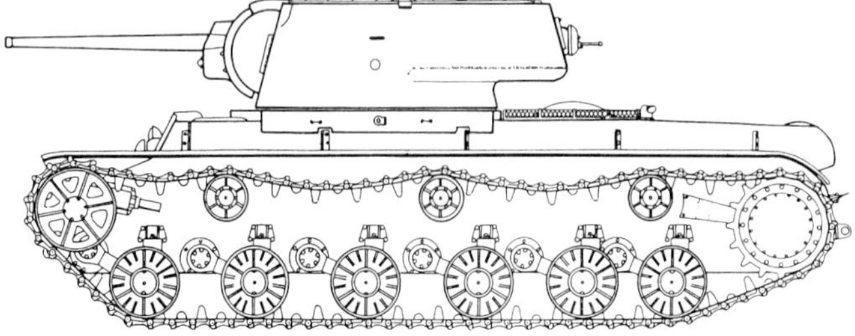

KV-1 (cast turret) Model 1941

KV-1 1941年型(鋳造砲塔)
KV-1 1941年型は、この側面図のように鋳造砲塔の搭載車も製造された。この時までには、砲塔基部周囲の跳弾板は、ほぼ標準装備となった。1/76スケール。(Author)

KV-1Sは第二次世界大戦の終結まで部隊運用されていた。このKV-1Sは1944年6月にカレリア地峡で、歩兵部隊の攻撃支援を行っている。この赤軍の大攻勢は、最終的には、フィンランドに停戦を決意させることになった（＊）。（＊訳注：フィンランドは同年9月19日に、ソ連に停戦を申し入れた）
（Suchatov）

た司令官は、このように論じている。

「……特別に言及すべきは、第4、第8、第15機械化軍団の優れた働きぶりである。彼らは戦闘において、1両のKV戦車は敵の戦車の10両から14両分の価値があることを示してくれた……」

K・ロコソフスキー少将は、彼の記憶をたぐり、以下のように述べている。

「……KV戦車は文字通り、敵を愕然とさせた。この戦車は、あらゆる種類のドイツの戦車砲からの砲撃に耐えた。戦場から戻ったKV戦車の姿は、なんとも凄まじかった。その装甲板は全面が弾痕だらけで、時として、砲身さえ貫通されていることもあった……」

I・Kh・バグラミャン将軍は、第10戦車師団によるベルディチェフ市内での戦闘中の出来事を思い出した。I・N・ザーリン中尉によって指揮される1両のKV-1は、至近距離から40発近い直撃弾を受けて苦戦しながらも、8両のドイツの戦車を撃破したのである。

7月後半に、A・イェレメンコ中将は、西部方面軍司令官のD・G・パヴロフ上級大将へ報告書を送った。

「……勇敢な乗員の手によって、KV戦車は驚異的な性能を発揮することができる。我々は第107自動車化狙撃師団の戦域に、1両のKV戦車を送った。敵の対戦車砲チームを沈黙させるためである。

「KV戦車は、敵の砲兵陣地を次々と進み、砲を踏み潰していった。あらゆる種類の火砲の標的となり、200発以上も撃たれたにもかかわらず、装甲は貫通されなかった。我々の戦車は直撃弾よりも、むしろ乗員の躊躇と不注意な操縦によって、しばしば、使用不能となった。この理由から、我々は厳選した乗員をKV戦車に配置した」

戦闘においては、ドイツの10.5cm榴弾砲か8.8cm砲によって、非常に多くのKV戦車が犠牲となった。10.5cm榴弾砲はKVの装甲を貫通することはできないものの、履帯を吹き飛ばすことは可能であった。新しい50mmのPak38は、特殊なPzgr40砲弾を使用した場合のみ、至近距離でKV戦車の75mmの側面装甲を貫通することができた。

訓練された乗員の不足
Lack of Trained Crews

個々の多くの戦闘においては、KV戦車は並外れた性能を発揮したにもかかわらず、1941年の戦況全体におよぼした影響は取るに足らなかった。KV戦車が技術的に優越していたとしても、1941年夏の、どうしようもない赤軍の戦術上および戦略上の障害を克服することはできなかった。赤軍の将校たちはKV戦車の欠点に関していくつかの原因を探り出したが、もっとも深刻だったのは大多数の戦車兵が訓練不足であったという問題である。

7月8日のウクライナからの報告書によれば、

「第41戦車師団のKV-2に尋常でない大損害があった。同師団は31両のKV戦車を保有していたが、1941年7月6日までに残ったのはわずか9両であった。損害の内訳は5両が敵に撃破され、12両は乗員自身によって爆破され、5両は重修理のために後送された。この大損害の原因は予備部品の不足や、戦車の構造に無知な戦車兵たちへの技術訓練の欠如である。戦車兵は、立ち往生したKV戦車の故障を修理できなかったとき、しばしば、自らの戦車を爆破してしまう……」

KV戦車は新型であるために、ほとんどの戦車兵が些細な点検・整備方法を知らなかっ

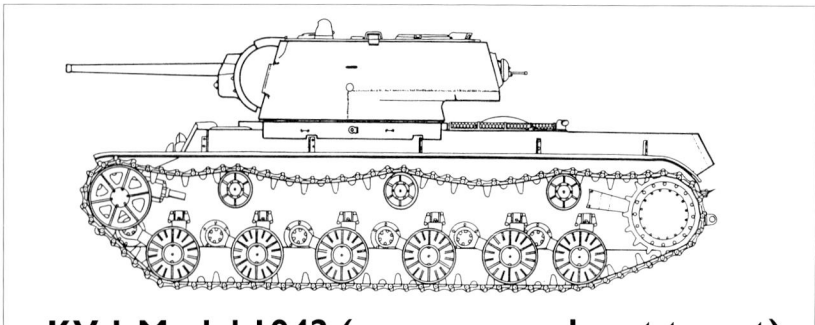

KV-1 1942年型
（装甲強化型鋳造砲塔）
この型は、装甲をより厚く改良した鋳造砲塔が特徴であった。この砲塔形状の差異は、実車の写真をよく観察しないとわからないが、もっとも明白な識別点は、砲塔後部機関銃の周囲の装甲リングである。さらに、車体も上部後端が単純な角形に変更された装甲強化車体を用いていた。(Author)

訳注19：主砲弾の衝撃の問題は、他の戦車でも報告されており、IS-2ではピストルポートに亀裂が生じた例もある。

た。長い行軍ののち、特にウクライナでは、戦車はただちに重整備を必要としたが、それができる熟練した乗員も予備部品も存在していなかった。たとえば、比較的装備が良かった第8機械化軍団の司令官D・I・リャブイシェフ中将の報告によると、

「……1941年6月22日から26日まで、我々は装備の整備や兵員の休息などの基本的な規定条項を守ることなく、無理な行軍を強行した。装備は500kmの距離を走行して戦場に到着した。この行軍のために、戦車の40％から50％は、技術的なトラブルで壊れてしまい、途中で放棄された。残った戦車も、実戦投入するには技術的に充分な状態でなかった……」

第37戦車師団は2週間未満で1500kmを行軍し、深刻な機械的故障に直面していた。当時の新型ソ連戦車の平均的な整備サイクルは、約1000kmから1500kmを走行する前に、工場でのフル・オーバーホールが必要とされていた。

第15機械化軍団に属する第10戦車師団は、俊敏に移動する敵の戦車縦隊を捕えようとして、戦果のないまま、厳しい行軍に耐えねばならなかった。8月初旬の戦闘で、第10戦車師団は装備していた63両のKV戦車のうちの56両を消耗するが、11両は戦闘で撃破され、34両は機械的な故障のために放棄もしくは沼底に沈められた。

残存車両の台数からの推測するに、KV戦車の損害状況は他のほとんどの部隊でも同様なのは明らかである。第8戦車師団は50両のKV戦車のうちの43両を失った。13両は敵との戦闘だが、2両は沼にはまってしまい、28両は機械的な故障のために乗員の手によって放棄、もしくは破壊された。

機械と設計上の弱点
Mechanical and Design Weaknesses

現存する記録によれば、T-34のような他の新型戦車よりも、KV戦車は機械的な問題による著しく高い損失率に苦しんでいた。主要な問題点のひとつは、クラッチとエンジンであった。1941年の野戦報告書はKV戦車に対する不満を述べている

「主砲弾発射の衝撃で砲塔は旋回できなくなり、旋回式ペリスコープも動かなくなってしまう(訳注19)。ディーゼルエンジンは出力に余裕がなく、過度に動かされており、主クラッチと操向装置は、たびたび故障を起こす」

ヴンスドルフにあったドイツ軍の試験コースでは、1942年の初めに、捕虜となった大勢のソ連軍将校の協力も得て、捕獲したKV戦車に関するドイツ国防軍としての評価をまとめた。

「……機械的な面では、この戦車は御粗末である。変速は停車中にしかできないので、35km/hという最高速度は幻想である。クラッチはあまりにも手軽に造られている。放棄された大部分のKV戦車は、クラッチが問題であった……」

KV戦車の戦闘時の実用性は、いくつかの要因、特に不適切な乗員配置や、品質の悪い

ソ連の戦車工場と移動修理廠は、あらゆる戦車を平均して約4回(＊)も再生するか、オーバーホールを施した。1942年秋のスターリングラードでは、戦場が都市周辺まで接近した。このKV-1Sは、市内のトラクター工場で、新しいトランスミッション変速装置への交換作業が行われている。(＊訳注：戦車の再生回数については5〜6回という説もある)(Sofin)

視察装置などによって徐々にむしばまれていた。ドイツ戦車のように砲塔には3名が乗り込むのだが、その役割分担は異なっていた。車長は主砲の右側に座って装填手を兼任し、3人目の砲塔乗組員は砲塔後部機銃の操作を担当した。

　砲塔ハッチは車長ではなく砲塔後部機銃手の上に位置し、ドイツ戦車兵のように地形確認のために、車長が戦車のハッチから顔を出すには、砲塔後部機銃手の頭に乗らねばならなかった。さらに、ソビエトの視察装置は品質が悪く、操縦手バイザー用の強化ガラスなどは、気泡でいっぱいの不良品だった。ドイツの評価によれば、「視察装置は、全般的に我々の戦車よりも劣る。特に操縦手用の視界は、信じられないほど酷い」とされている。

　KV-3とオビーエクト220の開発からも明らかなように、ソ連の設計者たちは、この問題を認めていたが、改善の実行は遅すぎ、1941年からの戦闘に間に合わなかった。大部分のソ連戦車には、砲塔構成の悪さが、どれだけ実戦に影響をおよぼすかという認識が欠落していた(本シリーズ第7巻「T-34/76中戦車 1941-1945」を参照)。その結果、敵の位置決めや識別が困難であった。戦車戦において、KV戦車の車長はやらねばならない仕事で忙殺された。彼は砲弾を装填しながら、小隊の僚車と自分の戦車との連携をせねばならなかった。そのため、ドイツと比較すると、赤軍の戦車攻撃は連携が悪い傾向にあった。

　晩夏までに、赤軍の戦車部隊は驚異的な損失に苦しみ、部隊に生き残っているKV戦車は、ほんのわずかとなった。7月15日に、ソ連最高統帥部(訳注20)は現状認識を余儀なくされ、機械化軍団を解散しなければならなかった。バルバロッサ作戦の当初は、赤軍戦車部隊には22000両もの戦車が存在したが、すでに行動可能な戦車は1500両程度に過ぎなかった。ソ連最高統帥部は、巨大で扱いにくい機械化軍団の代わりに、戦術上の運用がはるかに容易な戦車旅団を編成した。

　新しい戦車旅団は1個戦車連隊と1個自動車化狙撃大隊で構成され、通常は93両の戦車を配備された。戦車連隊は7両のKV戦車を装備する1個重戦車中隊と、22両のT-34戦車を装備する1個中戦車中隊、そして、あらゆる種類の軽戦車で構成される軽戦車中隊で編成された。

訳注20：1941年8月8日にソ連最高総統帥部に改称。大戦中の戦略指導機関であり、軍事的な決定を下すのはこの機関である。

ウラルへの脱出
The Urals Evacuation

　第4戦車集団の戦車はバルト海の海岸沿いに進軍して、7月にはレニングラードに迫ったため、主にKV戦車を生産していた工場が占領の危機にされた。そこで、この年の始めに、第二生産ラインが開かれた東部地区のチェリャビンスクにすべての施設を疎開させる奮闘が始まった。しかしながら、夏の作戦行動による大幅な損害は、工場を疎開させる前に、できるだけ長く持ちこたえることを強要した。1941年8月に、レニングラードの工場にV-2ディーゼルを提供していたハリコフのエンジン工場は放棄されたため、エンジン不足を引き起こした。そのため、1941年に約100両のKV戦車は、以前にT-35重戦車で使ったM-17ガソリンエンジンを搭載して生産された。

　1941年9月10日に、レニングラードのキーロフスキイ工場は、ドイツ空軍による空襲被害で、さらに生産を妨げられた。キーロフスキイ工場のチェリャビンスクへの脱出は、1941年10月中旬に完了した。キーロフスキイ工場の設備と労働者は、ハリコフ・ディーゼル工場の一部とチェリャビンスク・トラクター工場（ChTZ）と合併し、新しい生産複合体である第100チェリャビンスク重機械製作工場（ChZTM）を作り上げた。この生産複合体は、タンコグラード（戦車の街）と呼ばれた (訳注21)。

　キーロフスキイ工場と他工場の移転の成功は、その年の冬のモスクワ前面での勝利と同じくらい重要な成果であった。新しい工場はドイツの爆撃機の空襲とは無縁で、粉砕された赤軍戦車部隊を再構築するために新しい戦車を続々と生産し始めた。1941年に1358両のKV戦車が製造されたが、1121両はKV-1で、232両がKV-2であり、残りが試作車であった。

I・D・パパーニンを記念して、名前を記しているKV-1Sは、第5独立親衛ザポロジェ重戦車連隊の所属車である。この写真は1943年夏のクルスク・オリョール地域で撮影された。左から2番目は、車長のS・ニコライエフ中尉で、中央が大隊指揮官のV・パンフェリ上級中尉である。この戦車の他の時期のマーキング例は、本書のカラー塗装図で示されいる。(Biryukov)

訳注21：このシリーズの同著者の著作すべてにいえることだが、戦車の生産工場および行政組織の名称や設立に関する爆走ぶりは、訳者の頭痛の種である。そもそも第100チェリャビンスク重機械製作工場（ChZTM）なる工場は存在せず、キーロフスキイ工場は、チェリャビンスクに移転して、チェリャビンスキイ・キーロフスキイ工場（第100工場）となり、ハリコフ・ディーゼル工場の一部とチェリャビンスク・トラクター工場（ChTZ）とともに、タンコグラードと呼ばれる生産複合体を形成しただけである。

improvements in armament

装甲の改良

コーチン技師の第2特別設計局(SKB-2)では、生産拡大に繋がるKVの簡略化を目指していたが、生産に影響をおよぼさない改良は量産車に導入された。工場の東方移転前は1941年4月にクリーク元帥が起こした装甲の騒動に対応すべく、装甲の強化作業が継続中であった。従来の生産砲塔は正面で90mm、側面で75mmの装甲厚だった。新しい砲塔はKV-3用の砲塔を基本としており、装甲厚は正面で90〜120mm、側面で95mmに強化された。この装甲強化型砲塔の外観は、最初に生産された溶接砲塔に似ていたが、砲塔の後部張り出しの下部形状が異なっていた。横から見ると、装甲板は、そこで砲塔旋回リングに沿って曲がっているのではなく、後部に続くようになっていた。また、被弾時の弾片によって砲塔の旋回が困難になるという前線からの報告書に基づいて、砲塔旋回リングの周囲には跳弾板が溶接された。1941年の終わりに、従来より緩衝用ゴムの使用量が少なく、より単純なスポーク・パターンの新型転輪が導入された。

1941年7月に、新しい76.2mm戦車砲ZIS-5を搭載した、最初のKV-1 1941年型が製造された。そして、従来のF-32戦車砲の在庫がなくなるまで、KV-1 1940年型と並行生産された。ZIS-5戦車砲は大部分が装甲強化型の新砲塔に搭載されたが、少数が従来の溶接砲塔にも装備された。赤軍はドイツ国防軍兵器局のような精巧な分類で、KV戦車を体系化しなかったので、これらの多くのバリエーションを分類することは難しい。赤軍は大雑把な年式による分類システムを採用していたが、使っていたのは一部だけであった(訳注22)。東部移転後、KV戦車の外観の特徴はさまざまな下請け部品の供給によって、より顕著になった。KV戦車の車体は、スヴェルドロフスクのウラル重機械製作工場(UZTM)とチェリャビンスクの両工場で生産され、鋳造と溶接の少なくとも2箇所の砲塔の下請け工場があった。

旧式のF-32戦車砲の供給はチェリャビンスクでも細々と続いたため、初期生産型の車体と砲塔に新型のZIS-5戦車砲を装備した車両が見られる一方で、新型車体と装甲強化型砲塔でありながらF-32戦車砲のKV-1も存在した。無線通信器が不足していたので、若干の戦車は代替品として航空機用の無線通信器を装備した。

工場でZIS-5戦車砲が不足したために、T-34中戦車から実質的には同じである76.2mm戦車砲F-34を、若干数調達したこともあったが、1942年

1943年、チェリャビンスクのニコライ・ドゥホフの設計チームは、グラビンの設計した85mm戦車砲S-31をKV-1Sに搭載して火力強化を試みた。戦車砲をなんとか搭載することはできたが、砲尾が大き過ぎて適切な操作を行うには砲塔内部があまりにも狭かった。KV-1S-85試作車は、モスクワ郊外のクビンカ戦車博物館で今も保存されている。

訳注22:戦時中のマニュアルでは年式分類で、各KV戦車を呼称している。

KV-1S 1942年型
KV-1Sは大きな再設計が施されたKV戦車である。新しい鋳造砲塔は以前の鋳造砲塔よりかなり小型で、高さの低い車長用キューポラも装備されたので、容易に識別できる。車体も再設計され、機関室の後部デッキは、以前のタイプより大きな角度で傾斜していた。新しい軽量型転輪は、少なくとも2種類のバリエーションが導入された。(Author)

KV-1S Model 1942

■第二次大戦におけるKV戦車生産の推移

四半期ごとの生産数

年	1940	1941				1942				1943			
期	I〜IV	I	II	III	IV	I	II	III	IV	I	II	III	
計	244	307	321	311	419	542	602	703	718	452	-	130	4749

生産数対喪失数

年	1940	1941	1942	1943
KV戦車の年間生産数	244	1358	2565	582
喪失数		900	1200	1300
可動車両*	244	600	2000	1600

資料の出典は：Gen.Col. G.F. Krivosheiev, Grif sekretnosti snyat: poteri Vooruzhennikh sil SSSR v voinakh, boevikh deistviyakh i voennikh konfliktakh, Statisicheskoye issledovaniye. (Voenizdat: 1993)より。
*喪失数と1941年以降の可動数は端数を切り捨てた。可動車両数は年末時のもの。

までには、すべてのKV-1は、ZIS-5を装備して生産された。車体も改良されたので、KV戦車には多くの細部変更が生じた。T-34と同様に、KV戦車の生産性向上のために鋳造砲塔が開発された。これは、装甲強化型の溶接砲塔と同等の性能で、装甲厚は側面で100mmであった。

1942年後期に、さらなる進化を遂げたドイツ戦車と対戦車砲、特にIV号戦車の長砲身7.5cm戦車砲と新しい7.5cm対戦車砲Pak40に対抗すべく、KV戦車の装甲は、さらに強化された。車体側面装甲板は75mmから90mmに厚さを増し、鋳造砲塔は側面装甲を120mmまで強化した。

この改良された鋳造砲塔は、砲塔後部機銃架の周囲にリング上の装甲があることと、砲塔前部の微妙な鋳造形状の差異によって識別することができた。赤軍はKV戦車の形式分類に、まともに取り組む意志がなかったが、この派生型は、しばしばKV-1 1942年型と呼ばれている。

1942年になると、生産台数の増大のためにKV戦車の簡略化が課題となったが、これに関してはかなり成功し、1941年度のKV戦車1両の価格は635000ルーブルであったが、1942年度には295000ルーブル、1943年度に225000ルーブルまで下がった。しかし、単なる数字上の成果達成の一方で、いくつかの改良は無視され、しばしば品質管理はないがしろにした。問題となっていた砲塔の乗員配置は改善されなかった。そして、生産数維持という大きな精神負担が、工員たちに不注意なミスを引き起こさせた。

1943年に、KV戦車のトランスミッションのギア破損による故障が、頻繁に前線から報告された。調査の結果、原因はギアーホイールに使用されるはずの特殊なKhN-4クロムニッケル・モリブデン鋼合金の代わりに、ベアリングのリング用のShKh-15クロム鋼を、未熟な工場労働者が誤って使ってしまったことと判明した。機械加工前の素材状態では両方の丸板はよく似ており、どちらも隣接するように工場の床に置かれていた。工場労働者の大部分は、若い少年、そして最高でも半熟練工にすぎない男性か女性であった。

赤軍戦車部隊の復活
The Red Tank Force Revived

1941年後期から1942年前期にかけては、KV-1はそのより厚い装甲と強力な主砲のおかげで、まだドイツ戦車に勝る圧倒的な技術的優位を保っていた。優れた戦術と訓練の行き届いたドイツ国防軍が、戦場の主役であったけれども、KV戦車は、たびたび局地的な勝利を収めることができた。

1941年8月19日に、第1戦車師団の小隊の4両のKV-1は、レニングラード近郊のヴォイスコヴィッツ集団農場の近くで、前進してきたドイツ戦車縦隊への待ち伏せ攻撃に成功した。小隊長のジノヴィー・カラバノフ(訳注23)上級中尉は、まず縦隊の先頭の2両を撃破した。

訳注23：一般的なカタカナ翻字では「ジノヴィー・コロバノフ」。

KV-14はKV-1Sの突撃砲型で、ケースメイト式戦闘室に152mm加農榴弾砲を装備していた。1943年に制式採用された際に、SU-152へと名称変更をされている。1944年の晩夏、第2バルト方面軍の戦闘において、小隊指揮官のF・N・ゴヴィツゥイン中尉が、突撃砲の車長であるS・F・ベレジン中尉に指示を与えている。(Soloviev)

SU-152突撃砲
SU-152はその固定式戦闘室と、大きな152mm榴弾砲で、他のKV戦車との識別が容易である。203mm榴弾砲の搭載型も検討されたが、生産はされなかった。車体はKV-1Sから流用された。(Author)

SU-152 Assault Gun

後続の戦車は何が起こったのか理解できず、不注意にも前進し続けた。カラバノフ小隊はドイツ戦車縦隊の真ん中へ突っ込んだため、混戦状態となった。この戦闘で、カラバノフの戦車だけで、合計22両のドイツの戦車を破壊したが、彼の戦車は135発も被弾した。他の3両のKV戦車は、合計16両のドイツ戦車を撃破した。カラバノフは、戦争中、2番目に撃破数の多いソ連の戦車エースとなる。

赤軍はなんとしてもドイツ軍の首都占領を阻止しようとしたので、激しい戦車戦のいくつかが、モスクワへ通じる道で1941年10月から始まった。パヴェル・グッジ大尉が指揮する第89独立戦車大隊のKV-1は、ヴァラカラムスキイの近くの戦闘で、ドイツ戦車と対戦車砲から29発も撃たれながらも10両の敵戦車を撃破した。しかし、KV戦車の真価は、ドイツの歩兵部隊との戦闘で発揮された。大部分のドイツの歩兵部隊はT-34とKV戦車に対して、ほとんど役に立たない3.7cm対戦車砲Pak36を装備していた。新しい5cm対戦車砲Pak38を装備する部隊でさえ、たった1両のKV戦車を止めるのに苦労した。ドイツの歩兵部隊から大いに恐れられたKV戦車であるが、1941年から1942年初期には、それほど数が多くなかったのは、ドイツ国防軍にとって幸運であった。

1941年夏の流血の敗北に続く、1941年から42年の冬のモスクワとレニングラード前面での頑固な抵抗は、ソ連戦車部隊を蘇らせ始めた。1941年8月の戦車旅団の定数は、戦車93両で、内訳は22両のT-34中戦車、7両のKV-1と64両の軽戦車となっていた。1941年に被った莫大な損失から考えると、この数字は、かなり楽天的であり、定数どおりの旅団はわずかであった。1941年の戦闘で約900両のKV戦車が失なわれ、年末までに残ったのは約600両であった。

1941年9月に戦車旅団は、7両のKV-1を含む67両の戦車に定数変更さ

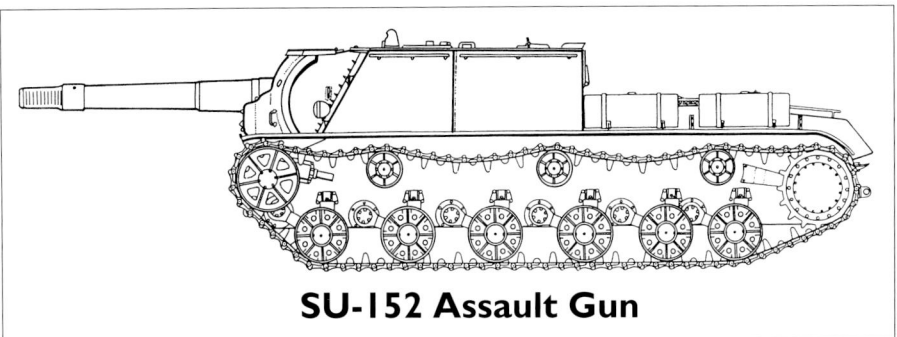

SU-152は、1943年の時点で、ティーガーやパンターを仕留めることが可能な、数少ない赤軍の装甲車両のひとつだったので、非常に成功した突撃砲であると評価された。その働きぶりから「ズヴェラボイ（Zvierboi）＝野獣ハンター」のあだ名で呼ばれた。この写真は、1944年の第2バルト方面軍に所属するベレジン中尉のSU-152の別アングルである。この時期には、新型重戦車IS-2スターリンのシャシーを流用した、改良型であるISU-152の部隊配備が始まっていた。（Soloviev）

れた。さらに、歩兵と騎兵を支援するための独立戦車大隊は、数量不足の理由からKV戦車を編成に入れなかったが、これについて赤軍歩兵部隊の指揮官たちは抗議した。彼らは、装備の貧弱なドイツ歩兵部隊に対するKV戦車の不死身に近い強靭さと、その心理的な効果を評価していたのだ。

　戦車工場のウラルへの移転によって、一時的な戦車不足が起きたため、1942年2月には戦車旅団定数は10両のKV戦車を含む、たったの27両まで引き下げられた。しかし、移転した工場が稼動し始め、生産が増えると、すぐに改善され、同年春の規定上の旅団定数は、10両のKV戦車を含む46両となった。この時の1個戦車旅団は、2個大隊で構成され、各大隊は1個ずつの軽戦車大隊・中戦車大隊・重戦車大隊で構成され、重戦車大隊には2個小隊があり、各小隊は2両ずつのKV戦車が配備され、さらに大隊長車として1両のKV戦車があった。KV重戦車大隊は、その優れた装甲のために通常は反撃戦に使用された。

variants

派生型

　1941年から42年にかけての冬のあいだ、チェリャビンスクに移転した第2特別設計局（SKB-2）では、KV戦車の武装を改良するために数種類の研究開発を始めた。1941年初頭、短くしたKV戦車のシャシーに、152mm海軍砲Br-2を搭載した試作突撃砲が審査されたが、写真は残っておらず、検証することができない。

KV-7突撃砲
KV-7 Assault-Gun

　1941年に赤軍は、数多くのドイツのⅢ号突撃砲に遭遇したが、第2特別設計局ではG・N・モスクヴィン技師を主任として、ドイツよりも優れた突撃砲の開発を決定した。KV-7はⅢ号突撃砲のように主砲が1門でなく、多連装式の突撃砲型KV戦車であった。2種類の異なる武装が計画され、しばしばKV-6と呼ばれる突撃砲(訳注24)は、1門の76mm砲を中心に置き、

その両側に45mm砲を1門ずつ配置していた。携行弾数は76mm砲弾が93発、45mm砲弾が200発であった。それぞれの砲は単独射撃も一斉射撃も可能で、3門の砲を装備した防盾の左右の射角は各7°であった(訳注25)。もう一方は、並装式に2門の76mm砲を装備しており、76mm砲弾の携行数は合計300発であった(訳注26)。

　両突撃砲の開発は1941年11月14日に開始され、月末までに試作車が完成した。試作車は、スターリンに披露するために、1941年12月29日に急遽モスクワに運ばれ、輸送途中に慌ただしく塗装が施された。どちらの武装の突撃砲を制式採用するかは重大な検討課題であった。しかし、どちらにも払拭されていない設計上の問題点があった。複数の砲を一斉に発射すると、砲耳に想定以上の力がかかり、砲架は損傷し、直接照準器も狂ってしまうのである。第2特別設計局の設計者の多くは、この突撃砲の発想自体に懐疑的であった。ある設計者はのちに記している。

　「……KV-7は『技術的冒険主義』であった。エネルギーと人々の時間を無駄遣いし、価値ある資源を浪費し、かなりの量の高品質合金を浪費した……」

　さらにスターリンは、この突撃砲に全く無感動であった。彼はデザイナーを叱りつけて言った「なぜ、砲が3門もあるのだね？　我々に必要な砲は1門だけ、ただし強力な1門だ！」かくして、KV-7の企画は却下された。

1943年までに、KV-1は戦車技術競争において、ティーガーⅠとパンターに追いつかれた。機動性を重んずるばかりに、薄くなったKV-1Sの装甲は、ティーガーⅠの強力な火力に抵抗することができず、その76mm戦車砲は、新しいドイツ戦車の厚い装甲に対して、絶望的に無力であった。

訳注24：そう呼んでいたのは原著者本人とソ連戦車の権威であるヤヌシュ・マグヌスキー氏だけで、赤軍での呼称は「KV-7(ヴァリアント1)」もしくは「KV-7(3砲身)」である。

訳注25：俯仰角は-5°から+15°で、左右の射角は各7.5°である。

訳注26：赤軍における呼称は「KV-7(ヴァリアント2)」か「KV-7(2砲身)」である。

KV-85 1943年型
KV-85は元々は、IS-1重戦車のために開発された85mm砲用の大型砲塔を搭載しているので識別は容易である。大直径の砲塔リングに対応すべく、拡張された旋回リングを保護するための張り出しが、車体側面に取り付けられた。車体は、KV-1Sを基本としている。
(Author)

KV-8火焔放射戦車
KV-8 Flamethrower

　KV-8の開発作業は、1941年11月からKV-7と併行してチェリャビンスクで始まった。火焔放射戦車は、戦前からソ連の戦車ドクトリンに入っており、対フィンランド戦でも広く使用された。この時

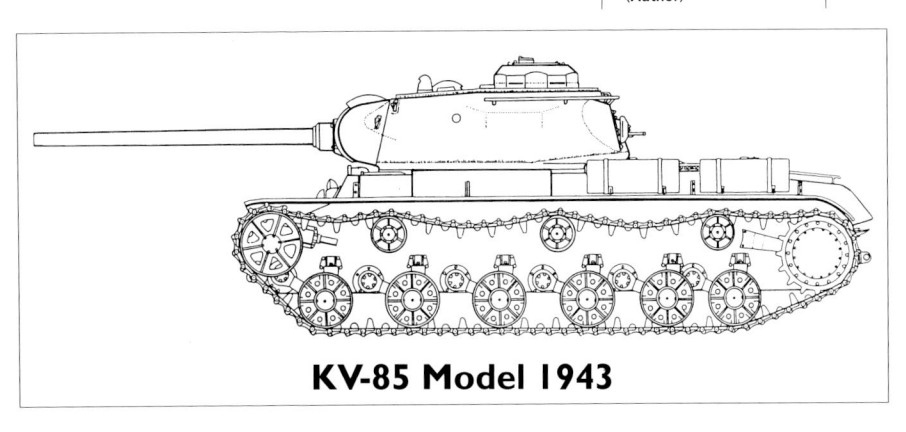

KV-85 Model 1943

の火焔放射戦車はT-26軽戦車を基本に造られていたので、敵の攻撃に非常に非力であった。そこで、KVとT-34の両戦車に火焔放射器を搭載することが計画された。

　T-34の設計者たちが、車体前方機銃の代わりに火焔放射器を取り付けたのに対して、チェリャビンスクの設計者たちは、ATO-41火焔放射器をKV戦車の砲塔に装備することを決めた。フィンランドでの経験から、火焔放射器戦車は敵から狙われ易い傾向にあることが明らかで、しかも、火焔放射用燃料が使い尽くされたとき、完全に無防備となってしまう。しかし、火焔放射器を砲塔に搭載すると内部容積の多くが占領され、通常の76mm戦車砲が搭載できなくなってしまうので、妥協案として、代わりに主砲防盾には45mm戦車砲1932/38年型を装備し、その右側の小防盾に火焔放射器を備えることにした。45mm砲の砲身には、76mm砲に偽装するために太いダミーの筒が被せられた。KV-8は45mm砲弾92発と火焔放射器用燃料を960リッター携行していた。火焔放射器は10秒間に3回の放射が可能で、1回の放射で10リッターの燃料を消費した。火焔放射の範囲は燃料によって異なり、通常のケロシンでは60mから65mであったが、ケロシンと油の特別な混合燃料だと90mから100mであった。

　KV-8はスターリンに披露されたときに彼の熱心な支持を受け、即座に採用された。KV-8火焔放射戦車の生産は、1942年から開始された。KV-8火焔放射戦車は、その差が約5倍もある圧倒的な燃料携行量の多さで、OT-34火焔放射戦車を凌駕したが、どちらの火焔放射戦車も、化学戦車大隊とも呼ばれる独立火焔放射戦車大隊で一緒に使われた。同大隊は2個中隊10両のKV-8と、1個中隊11両のOT-34で編成された。通常、火焔放射戦車大隊は敵の掩蔽壕を攻略する歩兵部隊の支援などが任務であったが、その心理的な効果によって、他の作戦にも広範囲に使用された。

KV-9榴弾砲戦車
KV-9 Howitzer

　この戦車は122mm榴弾砲M-30の車載型であるU-11を搭載するKV-1戦車で、KV-7のような特殊な突撃砲に代わるものとして企画された。122mm車載榴弾砲U-11は、戦車戦にも直協火力支援にも使用可能な「汎用砲」と目されていた。しかし、この思考は戦車部隊には受け入れられなかった。戦車兵たちは、普通の戦車砲の比較的平滑な弾道と比較して、榴弾砲の弾道はアーチ状のために、戦車戦に使うには、照準が難しいと考えていたのだ。76mm砲弾と比較すると砲弾重量が重いために携行弾数は減らされ、48発であった。この数は通常のKV-1の約半分であった。結果として、KV-9の開発は試作車より先には進まなかった。1943年に、KV-9の砲塔は、のちのスターリン重戦車系列のテスト・ベッドであったKV-13の車体に載せられた。

新しいISスターリン重戦車が実用化されるまでの間に合わせの処置として、少数のKV-85戦車が製造された。この戦車は、KV-1Sの車体側面左右に張り出し部を設けて、砲塔旋回リング穴を大きくし、新しいIS-1スターリン重戦車用の砲塔を搭載した。

訳注27：モンロー効果と呼ばれるジェット噴流を利用する対戦車砲弾。これは弾頭を円錐（または半球形）状に窪ませて成形した炸薬（ホローチャージ）を収めたもので、装甲板に命中爆発すると円錐の中心軸線上に超高速のジェット噴流を形成し、ごく一点に超高圧を集中することで装甲板を貫徹するという仕組み。コンクリートや鋼鉄製のトーチカを破壊するのにも用いられた。ホローチャージ弾ともいう。

右頁●1941年に、コーチンの設計局はKV-2のシャシーから、オビエクト222と呼ばれる電気式地雷除去車輌を開発したが、制式採用はされなかった。1944年、若干のKV-1はこの写真のKV-1 1941年型（装甲強化型溶接砲塔）のように、本来はT-34戦車用であるPT-34地雷除去ローラーを装着していた。このKV-1地雷除去ローラー戦車が、ロモヴィツキイ少尉によって指揮されて、フィンランド軍の地雷敷設区域を突破するために1944年6月にカレリア方面軍で使われた。(Suchatov)

ISスターリン・シリーズのための初期のテスト・ベッドは、KV戦車の部品を用いて造られた。写真のIS-2は、KV-13の車体と、KV-9の122mm榴弾砲砲塔を組み合わせていた。なお、「IS-2」の名称は、のちに122mm戦車砲D-25Tを主砲とする、ISシリーズの決定版的な生産型に適用された。
(Slava Shpakovskiy)

KV-1Kロケット発射戦車
KV-1K Rocket Launcher

KV戦車の火力増強のための別の力作はKV-1Kであった。この戦車は普通のKV戦車の左右両フェンダーの上に、カチューシャ・ロケット弾の発射架を装備していた。2発のRS-82ロケット弾の発射架は、装甲された箱に納められ、その箱が各フェンダーに1個ずつ備えられていた。強固な防衛拠点を攻撃の際に、ロケット弾を補助火力とするつもりだった。しかし、ロケット弾の弾着は、どちらかといえば不正確だったので、この計画は却下された。

KV-10またはKV-11の内容については、何の情報もない。煙幕と化学薬品の散布装置をKV戦車に搭載する計画もあり、しばしば、この戦車はKV-12と呼ばれるが、制式採用されなかった。

tactical problems

戦術上の問題

1942年半ばのソビエト戦車旅団の指揮官たちは、自分の指揮下にある重量等級が異なる戦車の連携に困難を感じていた。戦車旅団には軽戦車とT-34中戦車、KV重戦車の3種類の戦車が配備されていた。彼らの一番の頭痛の種は行軍時であったが、戦術上の問題もしばしば指摘されていた。

KV戦車はエンジン出力の向上がないまま装甲強化が続けられたせいで、その路外走行速度は非常に落ち込み、同じ旅団のT-34中戦車とT-60軽戦車と一緒に行軍できなかった。KV戦車は1941年と1942年初期には、その優れた装甲によって赤軍兵士に普遍的な人気があったが、とうとうドイツ軍は1942年に、それに対抗できる新型火砲と弾薬を導入した。

1942年6月のケルチ半島における戦闘で、戦車旅団を指揮したストロギー中佐は、ドイツ軍の新型砲弾である成形炸薬弾(HEAT)(訳注27)によって、彼のKV戦車の装甲が貫通されたとソ連最高総統司令部に報告した。

この新型砲弾は画期的な発明であった。なぜなら、この砲弾のおかげで大部分のドイツ火砲は、KV戦車の装甲を貫通可能になったのだ。この砲弾は1943年に部隊供給が始まったパンツァーファウストとパンツァーシュレックのような、効果的な歩兵用対戦車兵器の開発に繋がる最初の一歩でもあった。さらに、ドイツは新しい牽引式7.5cm対戦車砲Pak40を配備し、Ⅳ号戦車の主砲を新しい長砲身7.5cm戦車砲に換装した。

　のちにKV戦車の設計技師のひとりは、当時の状況について、あからさまに書いている。

　「……1942年の赤軍には、クリミア半島やハリコフ地域での大敗北を防ぐのに必要な、信頼性の高い重戦車が不足していた。KV-1はその信用を完全に失い、重戦車という概念自体の信用損失を招くほど不評であった……」

　戦車部隊の高級将校の何人かは、ソ連最高総統帥部から、ソ連戦車部隊の装備に関しての見解を尋ねられた。開戦当初、大佐として第8戦車旅団を指揮した経験のあるパヴェル・ロトミストロフ将軍は、ぶっきらぼうに答えている。

　「……軽戦車(T-60)と中戦車(T-34)の路上での速度差は、それほどでもないですが、路外走行時に、すぐに軽戦車が取り残されるのは困った問題です。重戦車(KV)は、それよりさらに遅いうえに、しばしば橋を壊して、後続部隊を寸断してしまいます。戦闘状況下では、目的地に到達できるのはT-34だけということが、あまりにも多いです。どうやっても軽戦車はドイツ戦車の相手ではないし、KV戦車は後方でただ遅れるばかりでした。各戦車は形式の異なる無線通信器を搭載しており、時として無装備の場合もあったので、これらの大隊を指揮することは至難の技でした……」

　ロトミストロフは、軽戦車・中戦車・重戦車を代替する1種類の「汎用」戦車に戦車工業の資源を集中させたほうが、より賢明であると論じた。

　この問題を解決するために、旅団装備からKV戦車を外し、T-34と軽戦車の2種類とする方針が採用された。コーチンと第2特別設計局は、彼らの設計したKV戦車よりもT-34を遙かに好んでいるロトミストロフのような影響力のある軍幹部が、1種類の戦車への標準化を要求していることに危惧していた。そこで、KV戦車とT-34の機動性の不均衡を減少させる試みとして、KV-1S(S=skorostnoi「素早い」)と呼ばれている装甲を削ぎ落としたKV戦車の開発が、急遽、開始された。大きさをよりコンパクトにして、機動性の向上と重装甲を両立させたKV-13の開発も始まった。KV-13は、中戦車と重戦車の間のギャップを埋める本当の汎用戦車であることを望まれた。

新しい軽量設計
New Lightweight Design

　KV-1Sはそれまでのカ KV戦車よりも、重量を5トン削減するつもりであった。重量削減の最重点箇所のひとつであった砲塔は、小型化された形状となった。KV-1 1942年型では90mmであった車体側面装甲板は、75mmに戻された。車体後部は、重量削減のために、機関室上面後部の角度を増して、わずかに修正され、新しい軽量型転輪も導入された。

　さらに機動性を向上させるために動力伝達系統は完全に性能改善された。これを担当したのはN・F・シャシムリン技師で、新しいクラッチやトランスミッション、さらに他の改良も施された。重量削減と動力伝達系統の改良によって、KV戦車とT-34の性能格差は小さくなり、部分的にはT-34の方が重く、俊敏さに劣るという箇所も生まれた。KV-1Sにとって

何両かの古いKV戦車の車体は、終戦まで部隊で使用され続けた。この砲塔を撤去したKV-1 1940年型は装甲回収車として、行動不能となったT-34-85を牽引するために、ベルリン市内の廃墟のなかで運用されている。

もっとも重要な改良箇所は、1941年と1942年の戦車戦の教訓から再設計された砲塔であった。車長は装填手の任務から解放され、たいして忙しくない砲塔後部機銃手の役割を代わりに与えられた。このため、車長席は砲塔の右前部から左後部に移動した。さらに全周視察可能な車長用キューポラも装備された。キューポラは戦場における車長の重要な任務である索敵と、小隊と大隊の各戦車の連携行動を命令するのに大きな力を発揮したが、KV-1Sのキューポラの奇妙な特徴のひとつは、ハッチがなかったという点であった。砲塔のハッチは砲塔上面右側の装填手席の上に位置するひとつだけであった。砲塔後部機銃はそれまでの中央部から左側に移動し、必要に応じて車長が操作することができた。KV-1Sの試作車の携行弾数は90発であったが、量産型では114発に増弾された。1942年半ばから、チェリャビンスクではKV戦車とT-34の両方の生産を始めたので、KV-1SはF-34とZiS-5のどちらの76.2mm戦車砲でも装備できるように設計されていた。

KV-1Sの試作車の審査は1942年夏に完了した。しかし、キエフでの大敗後、1種類の戦車に標準化すべきであるという圧力がさらに高まり、関係者による研究が開始された。一部の将校は歩兵支援のためには重装甲の戦車が必要であるとして、この戦車の標準化方針には抵抗した。かくして、1942年度第三期戦車生産計画(訳注28)に従って、1942年8月に、チェリャビンスクの戦車工場は、そのKV戦車生産ラインの1本をT-34にと振り替えた。KV-1Sは1942年8月20日に制式採用されて、同月後半から、T-34と併行生産が始まった。

新しい重戦車部隊の編成
New Heavy Tank Formations

1942年9月に、スターリンが参列する会議において、1941年10月のモスクワ防衛戦で新しいKV戦車とT-34戦車を巧みに使ったM・E・カツコフ将軍は、ソ連戦車の品質についての意見を尋ねられ、それに答えた。

「……T-34は我々の希望のすべてを満たしており、実戦においてもそれを証明してくれました。しかし、KV重戦車についてですが……兵士は、この戦車を好きでありません。この戦車はとても重く、愚鈍で、機動性もあまりよいとはいえないからです。この戦車で障害物を乗り越えるのは大変な苦労です。おまけにたびたび橋は壊すし、他の事故も引き起こしました。でも、そんなことよりも問題なのは、この戦車の主砲がT-34と同じ76mm戦車砲であることです。これは『いったい、こいつのどこがT-34より優れているんだ?』という疑問を抱かせます。もし、KV戦車がもっと強力な砲か大口径の砲を装備するならば、その重量と他の欠点を我慢できるかもしれません……」

多くの討論ののち、1942年10月に、混成であった戦車旅団からKV戦車を外す命令が出され、新規編成される独立重戦車突破連隊へ集められることになった。この部隊は軍司令官によって、攻撃や歩兵部隊支援の任務に使用するとされた。

皮肉にも、もっとも機動性の優れたKV重戦車であるKV-1Sは、機動性よりも重装甲が望まれ始めるころに部隊配備された(訳注29)。1943年4月の生産終了までに合計1370両のKV-1Sが造られた。再編成が実施される前に、多くのKV-1Sは既存の戦車旅団に配備された。KV-1Sを最初に配備された部隊は、スターリングラードの反撃戦に投入された。これらの部隊で、もっとも有名なのは第62軍の第12戦車旅団であった。のちに同旅団は、スターリングラードにおける優れた戦果から「第27親衛戦車旅団」の称号を名乗ることが認められた。

訳注28:戦車に限らず、ソ連では、1年を3カ月ずつ、四期に区切って、多くの工業製品の生産量や、鉱山資源の採掘量などの計画を立てていた。第三期は7月から9月を示す。

訳注29:1943年1月に、ティーガーⅠが捕獲されると、それまでとは、うって変わって、装甲が重要視された。

1944年、レニングラードのペトログラドスキイ地区で、砲塔を撤去したKV-1Sが装甲回収車として、捕獲したティーガーⅠ重戦車を牽引しながら、革命広場を通り過ぎてゆく。

汎用戦車
Universal Tank

　KV-1Sの研究と併行して、N・V・ツェイーツに率いられる第2特別設計局の設計チームはKV-13の研究を開始した。KV-1Sと違って、KV-13は本当にすべてが新設計された。この開発計画の究極の目的は、KV戦車と同等な重装甲でありながら、軽量でT-34のように操作し易い戦車であった。この目標を実現するには、KV-1のデザインは、明らかに大き過ぎたので、設計技師たちは、もっと小型の戦車とするつもりだった。標準型のKV戦車では、片側6個であった転輪は1個減らされ、ほとんどの箇所の寸法が修正された。基本装甲の厚みは砲塔正面部で120mm、車体側面が75mm、砲塔側面が85mmと、ほぼ、それまでのKV戦車の水準で、ドイツの8.8cm砲による正面からの攻撃に耐えられることを想定していた。車体の小型化に伴って内部容積が狭くなり、携行弾数は65発に落ちてしまった。乗員数も5名から操縦手・装填手・車長兼砲手の3名に減らされた。この戦車用に新しい動力伝達系統も開発された。試作車はKVの履帯とT-34の履帯の2種類が製作された。

　基本型のKV-1で47トン、KV-1Sで42.5トンもあった車重を、KV-13は31トンに下げることに成功した。路上最高速度も基本型KV-1では35km/h、KV-1Sでさえ43km/hであったのに、55km/hにも達していた。1942年6月にニジニ・タギルのT-34の設計局は、KV-13の対抗する汎用戦車であるT-43を開発して、競作を仕掛けてきた。この戦車はT-34を規範としているが、はるかに重装甲であった。しかし、ドイツの開発した新型戦車によって、汎用戦車の概念そのものが誤った進路であったことが、すぐに判明した。当時の赤軍では火力よりも装甲を重視していたが、KV-13の主砲の76mm戦車砲では歯が立たない新型戦車を、ドイツ軍はまもなく実戦投入したのである。さらに、KV-1Sの成功は、KV-13の量産に対する決定に打撃を与えた。

ドイツの反応、ティーガーⅠ
The German Reaction - Tiger Ⅰ

　1941年の重戦車恐慌以降、ドイツ軍は対策を怠ることはなく、2種類の新型戦車の開発を進めていた。T-34への対抗策としてのパンター中戦車と、KV重戦車に対抗できるティーガーⅠ重戦車である。ティーガーⅠは量産開始直後に、少数が第502重戦車大隊に配備されて、1942年9月にレニングラード戦線で実戦投入された。ティーガーⅠにとっては、最初の大きな作戦である1月中旬の戦闘で、1両が捕獲されるまで、赤軍はこの新型戦車に関して、何の情報も知らなかった。捕獲されたティーガーⅠは、すぐにクビンカ兵器試験場に急送され、仔細な調査が施された。

　ティーガーⅠは、赤軍に強烈なショックを与えた。赤軍の中戦車と重戦車が装備している76mm戦車砲でその100mmの正面装甲を貫通するのは、きわめて困難であった。さらに、主砲の8.8cm戦車砲はあらゆるソ連戦車を撃破できた。ティーガーⅠが、将来のドイツの戦車部隊のなかで、どの程度の位置を占めるのかに関しては、意見が一致しなかった。この段階では、まだレニングラード周辺で2、3回の遭遇戦があったくらいなので、一部の赤軍将校は、ティーガーⅠは試作車に過ぎないとも思っていた。第二次大戦中のソ連戦車開発で大きな謎のひとつは、すでに1941年に審査された85mm戦車砲F-30のような強力な砲がありながら、KV戦車の主砲を換装しなかった点である。事実、第2特別設計局の局長であるジョゼフ・コーチンは「すでに赤軍は1941年夏の時点で、ティーガーⅠに対抗しうるオビーエクト220をもっていた」と、むなしさを込めて述べている。砲兵総局（GAU）が、砲弾備蓄・補給の面から、新しい口径の戦車砲を採用する気がなかった可能性もあるが、このような独特の状況は、他国ではほとんど例がない。アメリカ陸軍は初めてティーガーⅠに遭遇した1943年

の時点では、何の対抗手段もなかったが、遅くとも1944年6月のノルマンディー戦までには、パンターとティーガーと戦えるようになっていた。これからしても、ソ連の反応は、怠慢に等しかった。

　破壊力の絶大な203mm榴弾砲B-4を搭載するKV-12と、それよりは破壊力の劣るものの152mm加農榴弾砲ML-20を搭載するKV-14という、2種類の試作突撃砲が計画された。KV-12計画は、試作車さえ造られることなく中止されたが、もう一方のKV-14の開発は急いで進められた。そもそも突撃砲は主に歩兵部隊の支援任務のために開発されたが、新型のドイツ重戦車への有効な対抗手段と評価されたのである。KV-14の開発作業は1943年2月初頭に完了した。152mm加農榴弾砲ML-20は、KV-2のように砲塔に搭載するには、あまりに反動が大きかったので、ドイツのⅢ号突撃砲のように固定されたケースメイト式戦闘室に装備された。シャシーはこの時点では、まだ生産されていたKV-1S重戦車から流用した。1943年2月14日に、国家防衛委員会(GKO)は赤軍の制式装備としてKV-14を採用し、SU-152(Samokhodnaya Ustanovka =自走砲架)の名称を与えた。チェリャビンスクのKV-1Sの生産ラインを徐々に切り替えて、SU-152の生産は1943年3月1日から開始され、同年の秋の終了までに、合計704両が製造された。最初の重突撃砲連隊は、1943年5月に編成された。

クルスク
Kursk

　1943年夏のクルスク・オリョール戦は、KV戦車にとっては最後の舞台であった(訳注30)。中央方面軍の保有する3400両の戦車のなかで「重戦車」は、たったの205両だけで、さらに少なくとも1個連隊はレンド・リースで供与されたイギリスのチャーチル重戦車であった。KV-1Sは結局、T-34に勝てずに1943年4月に生産を終了した。しかし、問題の本質はT-34云々ではなく、KV重戦車自体、特にその戦車砲が、ドイツの戦車開発に対応できなかったということであった。クルスク戦においてKV-1Sは、敵の新型戦車であるパンターとティーガーとの戦闘準備がまったくできていなかった。どちらのドイツ戦車も、KV戦車の装甲を貫通することができたが、KV-1Sは、自殺行為というべき至近距離以外では、どちらの戦車に対しても、ほぼ無力であった。

　ペトロフカ近郊の第18戦車軍団に属する第181戦車旅団の第2大隊の戦闘は、我々にKV戦車の運勢の変化を、如実に説明してくれる。P・スクルィピン大尉の第2大隊は、丘陵地帯にいる敵の戦車部隊に攻撃を仕掛けたが、静止していたティーガーⅠからの長距離射撃で、部隊は大混乱となった。スクルィピンは、KV-1Sに回避行動をとりながら前進を命じ、動揺していた大隊の立て直しに成功した。彼は1両のティーガーⅠに最低でも3発の砲弾を撃ち込んだが、撃破することはできなかった。その後、彼のKV戦車は、ティーガーⅠから2発の砲弾を受けてしまい、装填手は死亡し、スクルィピンもひどく負傷した。煙が立ちこめる被弾した戦車から、操縦手と無線通信手によってスクルィピンは救出されたが、砲手は逃げ出さずに彼の席に留まった。しかし、76mm戦車砲では接近しているティーガーⅠを破壊することができず、第3発目の8.8cm砲弾が、砲手の息の根を止めた。負傷したスクルィピンを危険回避のために安全な窪地に寝かせてから、操縦手は燃えているKV戦車に戻ると、それを操縦してティーガーⅠに目がけて突っ込んだ。KV戦車の弾薬収容部に火が回り大爆発したために、両方の戦車は、木っ端微塵に吹き飛んでしまった。

　SU-152はクルスクで、よく健闘した。12両のSU-152で編成される最初の重突撃砲連隊は、高級司令部の予備戦力として配備された(原著者注：のちに重突撃砲連隊の定数は21両に変更される)。3週間の戦闘で12両のティーガーⅠと7両のエレファントを撃破したので、SU-152には「ズヴェラボイ(野獣ハンター)」という非公式のあだ名が与えられた。

訳注30：クルスクの戦い。1943年2月の第2次ハリコフ攻防戦の結果、クルスクを中心とする大きな突出部が生まれた。ドイツは、この突出部の挟撃包囲に成功すれば130万人ものソ連の兵力と装備に大打撃を与えられるうえに、世界にドイツ軍の健在ぶりをアピールでき、同盟国の離反も防げるという政治的な理由もあって作戦を決断。作戦名称は「ツィタデレ(城壁)」と名付けられ、この突出部を南北から大兵力で包囲する計画であった。作戦は3月13日付で発令されたが、天候上の理由や新型装備の配備を待つうちにずるずると延期され、発動は7月5日となった。この間にソ連軍は防御陣地を固め、万全の体制でドイツ軍を待っており、作戦開始早々、ドイツ軍は激しい抵抗に遭遇した。7月11日には、プロホロフカ村近郊で第二次大戦で最大の戦車戦が行われ、約1000両の戦車が激突した。結局、連合軍がシチリアに上陸したこともあり、7月20日に、作戦は中止された。この作戦以後、ドイツ軍が東部戦線で、攻勢のイニシアチブをとることはなかった。

ドイツ軍の新型戦車であるパンターとティーガーは数が少なかったおかげで、クルスク戦でのソ連戦車の性能を糾弾する声は、それほど高くなかったが、戦車兵は、新しい敵戦車と戦うためには「長射程の砲」が必要であると主張した。クルスクの戦いは重戦車という概念も復活させた。ティーガー I が数多く、その姿を見せ始めるとともに、ソ連でも重戦車生産の復活が決定された。ISスターリン重戦車という、新しい戦車の開発が始まった（本シリーズ第2巻「IS-2スターリン重戦車 1944-1973」を参照）。IS戦車系列は、名称こそ変更されたものの、実際にはKV戦車の継続であった。戦争が始まった時からクリメント・ヴォロシーロフ元帥の威光は薄れつつあり、名称変更したほうが得策であると考えられたのである。ISスターリン戦車は、失敗作に終わったKV-13の焼き直しであった。車体の設計では、KV-13のために開発された、多くの新しい構成部品を流用したが、車体寸法は、はるかに大口径の主砲を搭載するために、重戦車としての目一杯の大きさに戻された。

新しいIS戦車の生産準備が整うまでの短期間の中継ぎとして、新しい戦車砲を既存のKV-1Sに搭載することが決定された。同年8月に第2特別設計局は、2種類の戦車の研究開発を併行作業で始めた。ドゥホフの設計チームは、新しい85mm戦車砲が、大きな変更なしで、KV-1Sに搭載可能かどうかを見るために実験を開始した。少なくとも1両の試作車が完成したものの、主砲に対して、砲塔があまりに小さ過ぎることが、すぐに判明した。

一方、別の設計チームは、KV-1Sの車体に、IS重戦車用に開発された新型砲塔を搭載した。これは、車体の両側面に張り出し部を設けて、砲塔旋回リングの直径を増やして達成された。新型砲塔は85mm戦車砲D-5Tを主砲とし、携行弾数は70発であった。基本となったKV-1Sでは、車体前方機銃が装備されていたが、1943年9月から生産が開始されると、無線通信機が車長席に近い砲塔に移動したため、後期生産型では車体前方機銃を省き、そして、前方機銃手も乗員から外された(訳注31)。生産ラインが、ISスターリン重戦車に移行する前の、1943年9月から10月に合計130両のKV-85が生産された。

新しい砲塔は車重を46トンまで戻してしまい、以前のKV-1と同様に機動性は制限された。KV-85の初陣は、1943年の晩秋、もしくは初冬であった。1944年中は、KV-1Sのように数が減少しながらも運用されたが、優れたIS戦車シリーズのおかげで、その影は次第に薄れていった(訳注32)。

KV-85の武装強化を望むわずかな圧力があったため、IS戦車が生産中にもかかわらず、極少数のKV-85が生産され、KV-122と呼ばれるKV-85に122mm戦車砲D-25Tを搭載した試作車が、少なくとも一両は完成している(訳注33)。

訳注31：車体前方機銃は、固定装備となって車体前面右部に残された。

訳注32：ドイツ側の戦闘記録によれば、KV-85は1945年まで部隊運用されていた。

訳注33：KV-122はIS-2の生産が思うように伸びず、それを補うために、企画されたが不採用となった。一方、前線の修理部隊で、KV-85の車体にIS-2の砲塔を載せた、現地改修版ともいうべきKV-122が極少数だけ作られ、重戦車連隊に配備されたとする説もある。

カラー・イラスト解説 The Plates

（カラー・イラストは25-32頁に掲載）

図版A1：KV-1 増加装甲型 戦車旅団 1941年9月

この戦車旅団には1941年秋に、戦意高揚目的で、砲塔側面に大きく愛国的スローガンを書き込んだ「KV-1E」こと「KV-1増加装甲型」が何両か配備された。この人目を引く戦車のスローガンの意味は「ファシストの蛇を踏みつぶせ！」である。

図版A2：KV-1 1941年型（装甲強化溶接砲塔）
第1モスクワ自動車化狙撃師団 第12戦車連隊 1942年8月

この塗装図のKV戦車はスターリン賞を受賞したモスクワの芸術家たちの寄付によって購入され、「ベスポシャドゥヌイ（無慈悲、あるいは無容赦）」と名付けられて、パヴェル・ホロシロフ中尉によって指揮された。贈呈式典では、この戦車は、カラフルにマーキングされ、戯れでソビエト戦車がヒットラーを撃っている大きな漫画風のイラストが描かれていた。戦車イラストの下の文章は、右の一群が詩人、左が画家のリストである（訳注：原著者の指摘では、右と左が逆になっている）。

この戦車は、スターリン賞受賞者の寄付によって製造された。

詩人	画家
P・グセブ	クックルイニクスイ（＊）
S・マルシャク	M・クプリヤーノフ
S・ミハルコフ	P・クルイーロフ
N・ティホノフ	N・サカローフ（ソコロフ）

（＊訳注：画家となっているが、実際は漫画家で「クゥクルィニクスィ」は、日本の「藤子不二雄」のように、この3名の共同ペンネームである）
砲塔の前部の文章は、式典で朗読されるために書かれた詩である

「敵から射たれようとも、我々のKV戦車は突撃する。
貴様らファシストの侵略者の脇腹に
風穴を開けてやるために。

恐れ知らずの乗員は、休むことなく、
スターリンの命令で戦う」

　1942年から1943～44年の冬までの戦闘で、この戦車は12両のドイツ戦車、4両の自走砲、7両の装甲車、3門の砲、7門の迫撃砲、4挺の重機銃、10両のトラック、5両のオートバイ、1両のスタッフカーと1両のバスを撃破したと記録されている。これらの戦果は、小さい幾何学的なマークの列で砲塔に記録された。

図版B1：KV-1 1940年型（溶接砲塔）
ドイツ第1戦車連隊　1941～42年冬

　1941年から1942年の冬のあいだ、若干のドイツ軍部隊は鹵獲したソ連戦車を使用した。ドイツ第1戦車連隊の場合、本来の砲塔ハッチに、ドイツ中戦車の車長用キューポラに付け加える改修を施した。当初、このKV戦車はパンツァーグレイで塗装されたが、のちに白色迷彩が施された。本来の塗装色の上に描かれたバルケンクロイツと車両番号は塗り残されている。

図版B2：KV-1 1942年型（鋳造砲塔）
ドイツ第22戦車師団　第22戦車連隊　1943年

　1943年、ドイツの第22戦車師団は改修された何両かのKV-1戦車を装備していた。本来の76.2mm戦車砲は、IV号戦車から流用された7.5cm戦車砲L/43に換装され、砲塔上面にはドイツ戦車の車長用キューポラが取り付けられたが、すでに示したような再利用される他のKV戦車とは異なり、車長用キューポラは本来の砲塔ハッチ上ではなく、砲塔右前部に新たに穴を開けて、そこに取り付けられている。これらの戦車は、ドイツ戦車の基本色であるRAL7028ダークイエローで塗装され、味方からの誤射を避けるために、よく目立つバルケンクロイツを描いていた。
［編注：RALはドイツの産業の品質監督、基準・規格設定の業務を行うため、1925年に設立された「帝国工業規格」の略称。ドイツ陸軍が使用した多くの塗料が、RALの規格番号で管理されていた。この機関は現在も存続し、日本語名称は「ドイツ品質保証・表示協会」。なお、規格番号は1953年から段階的に改正されており、本書に記載されている分類番号は「帝国工業規格」当時のものである］

図版C：KV-1 1942年型　フィンランド戦車師団
戦車旅団　第3（重）戦車中隊　イハンタラ　1944年8月

　フィンランド軍は1941年から1944年の継続戦争において、捕獲した2両のKV戦車を再整備して部隊運用した。もっとも注目すべきは、フェンダーが新造されたことである。戦車は標準的なフィンランド塗装指示書に基づいて、ダークグリーンで塗られ、ミディアムグレイと暗褐色の迷彩が施された。フィンランドの国籍マークである「ハカリスティ」は黒で、白い影が付けられており、車両番号は白である。

図版D：KV-1 1941年型　ソ連重戦車連隊　1942年

　KV-1 1941年型（鋳造砲塔）の重量は約47トンであった。戦車の組立には鋳造と溶接の両方が用いられ、車体と砲塔の一部は均質圧延鋼板を溶接接合しており、砲塔本体は均質鋼を鋳造して作られていた。砲塔の装甲厚は場所によって異なっており、防盾部で90mm、前面装甲は82mm、側面は100mm、後部は97mm、上面は30mmであった。車体は、前面装甲は75mm、前面下部装甲は70mm、側面は75mm、上面は42mm、下部は32～40mmであった。

図版E：KV-1S　第5独立親衛ザポロジェ重戦車連隊
スターリングラード　1942年12月

　1942年の秋に、第5親衛重戦車連隊は、北洋航路総局（GUSMP）から2000万ルーブルの寄付で購入された21両の新しいKV-1S戦車を与えられた。当初、これらの戦車には「ソヴィエツキッフ・ポールヤルニク（ソビエト北極探検隊）」と記銘されていた。戦車は1937年から38年に存在した最初の浮遊北極基地CP-1の責任者であり、当時の北洋航路総局の局長でもあったイヴァン・D・パパーニンを招いての贈呈セレモニーで引き渡された。その後、K・ダニロフ親衛軍曹（のちにスミルノフ中尉が引き継ぐ）が車長である「555」号車は、この塗装図のように「I・D・パパーニン」と名前を変えた。連隊は1942年12月に、スターリングラード戦に参加し、カザチイ・クールガンの北西に展開するドン方面軍の第65軍を支援するために同市近郊へ送られた。この時の戦車は前面ダークグリーンの標準塗装の上に、ラフな白色迷彩を施していた。車両番号の「555」は塗装図のように、砲塔後面にも描き込まれていた。この戦車はスターリングラードで、2両のドイツ戦車と15門の火砲を破壊したと記録されている。1943年11月までの約1年のあいだに、同連隊は5両のティーガーを含む40両のドイツ戦車、53両の自走砲、142両の装甲車、138門の対戦車砲、235箇所の機銃座と124個の陣地という戦果を記録した。この塗装図となった戦車は、1944年5月にオーバーホールされて、南ウクライナのヤッシニ・キシニェフにおける戦闘では、第3ウクライナ方面軍に配備された。その後、戦車は終戦まで第2ベラルーシ方面軍に配備された。この時には正面図で示した塗装図のように塗り直されていたが、1945年には全面ダークグリーンに戻された。「I・D・パパーニン」の名前は書体が変わり、ソ連邦英雄のシンボルである星章2個とともに描かれた（訳注：ソ連の最高名誉称号である「ソ連邦英雄」の授章者には、金星記章とレーニン勲章が送られる。塗装図では、星章は赤色だが、実物は金色である）砲塔前部に描かれた装飾は、スヴォーロフ第3級勲章の左が赤旗勲章で、これらの下にあるのが標準的な親衛章である。赤旗勲章は1944年2月23日に連隊へ授与された。

図版F：KV-8S火焔放射戦車　1943年型
火焔放射戦車連隊　1944年夏

　ドイツ軍の陣地に対する攻撃支援のために、火焔放射戦車を装備する独立部隊が編成された。この戦車は、この時代の標準塗装が施され、三桁の車両番号と砲塔前部に書かれている「Trudovie Reservy Front（前線熟練労働力養成制度）」は白で、この名前は、この部隊の戦車を購入するための寄付をしてくれた献納者である

図版G：KV-1S、重戦車連隊、ベルリン戦、1945年4月

　1945年のベルリン攻勢までには、大部分のKV-1はIS-2スターリン重戦車に更新された。しかし少数はまだ部隊に残っていた。この塗装図の戦車は全面にダークグリーンの標準塗装が施され、2桁の車両番号は白である。連合軍とソ連軍がベルリンに迫ったので、連合軍の戦闘爆撃機の誤爆を予防する目的で（訳注：もちろん、自軍の誤爆も含めて）、砲塔には白色の識別バンドが描かれた。車両によっては、戦車の上面一杯に大きな白十字を描き込んでいた。

◎訳者紹介

高田裕久(たかだひろひさ)

1959年10月生まれ。千葉県市川市出身。法政大学経済学部卒。専攻はソ連重工業史。

1983年より、千葉県市川市にて模型店「MAXIM」を経営。そのほかに模型開発の外注も行い、香港のドラゴンモデルのAFVキットのいくつかを手掛ける。最近は「GUM-KA」にて、世界水準の国産レジンキット開発を進める。

主な著作に『ソ連重戦車スターリン』(戦車マガジン社刊)、『BT/T-34戦車(1)』『第二次大戦のソ連軍用車両(上)(下)』(以上、デルタ出版刊)、『クビンカ フォトアルバムVOL.1』(CA-ROCK Press刊)など。訳書に『クビンカ戦車博物館コレクション』(モデルアート社刊)、『IS-2スターリン重戦車 1944-1973』『T-34/76中戦車 1941-1945』(大日本絵画刊)がある。

「MAXIM」ホームページアドレス　http://www.ann.hi-ho.ne.jp/maxim/

オスプレイ・ミリタリー・シリーズ
世界の戦車イラストレイテッド **10**

KV-1 & KV-2重戦車 1939-1945

発行日	2001年8月10日　初版第1刷
著者	スティーヴン・ザロガ ジム・キニア
訳者	高田裕久
発行者	小川光二
発行所	株式会社大日本絵画 〒101-0054 東京都千代田区神田錦町1丁目7番地 電話:03-3294-7861　http://www.kaiga.co.jp
編集	株式会社アートボックス
装幀・デザイン	関口八重子
印刷/製本	大日本印刷株式会社

©1995 Osprey Publishing Limited
Printed in Japan
ISBN4-499-22747-X

KV1&2 Heavy Tanks 1939-45
Steven Zaloga
Jim Kinnear

First published in Great Britain in 1995,
by Osprey Publishing Ltd, Elms Court,
Chapel Way, Botley,
Oxford, OX2 9LP. All rights reserved.
Japanese language translation
©2001 Dainippon Kaiga Co.,Ltd.